妙趣横生的日本建筑学

TENKAMUSO NO
KENCHIKUGAKU NYUMON

〔日〕藤森照信 著

郝 皓 译

江苏凤凰科学技术出版社

目录

第一篇：茅塞顿开！古代建筑术

1 石器能用来砍伐原木吗？（磨制石器）

图中文字：用坚硬的石头
削毛刺，用柔软的石头再
硬木上打孔。

　　我年少时有一个梦想，那就是用原始时期的道具和技术建造一栋那个时代
的房子，这个梦想至今未变。虽然这是一本写建筑学的书，但也许会写成绳文
时代的建筑学。（译者注：绳文时代是指日本旧石器时代的后期。）这件事还
请大家谅解。

　　弥生时代的铁斧、凿子、锯子等工具出现之前，日本列岛的绳文人是如何
完成砍树、立柱、架梁等工作，从而建造房屋呢？只有解决了这个问题我的梦
想才能实现。要点在于当时的木材加工工具——磨制石器。所谓工具是指，以
用来追赶长毛象的打制石器（旧石器）为开端，经过绳文时代的磨制石器（新
石器），最终进化为弥生时代的铁器。这些在日本史的课堂都有讲到。然而，
介于不适合伐木的打制石器和锋利的铁器之间的磨制石器，我们还有很多不了
解的地方。绳文时代的人们又能将磨制石器运用到什么程度呢？

　　前几日，走在日本木匠工具史研究最前沿的学者渡边晶先生来访时，我们
聊到了值得一听的事情。最后，我们还进行了用石器加工圆木的实验，当然也
制作了磨制石器的模型，该模型与挖掘出的绳文时代磨制石器的材质和外形基

本相同。

我向渡边先生请教的第一个问题是关于制作石器的石头材质，这也是我从小就有的疑问。意外的是，材质比我想象的柔软。

从小学五六年级到高中，我会在村子的田地上漫步，捡土器碎片和黑曜石的箭头，我以这样的寻宝活动为乐。偶尔也会捡到石器，一共也就三件。第一件是长 15 厘米的石斧，只有侧面磨平了，其他地方的切割面没有打磨，看样子没有做完，但大体形状还算完整。第二件是大约 5 厘米的小物件，打磨得很亮，特别是刀尖部分非常锋利。我原以为是孩子的玩具或者礼节性装饰品，然而随着日本、甚至是世界的小型石器不断出土，我想这也许是像凿子那样的小型工具。第三件是高中时在考古学家藤森荣一的指导下进行发掘活动时，偶然在田间发现的，那是一件长约 25 厘米、适合伐木的大型工具。

那个没有做完的石斧所用石材是青石，另外两件则用的是一种被称为滑石的，表面带有透明感的青白色石头。我常在河边玩石头，所以知道青石和滑石的质地比较软，我不明白为什么用它们做切割工具。尤其是滑石，我觉得它毫无价值，只是用来做装饰品的。

高中时，我用青石做了一个长约七八厘米的石斧。原因是磨斧子不费劲，而且想试试石斧到底能不能伐木。我认为时间和精力都很充裕的绳文人应该会用更坚硬的石头。顺便一提，我自制的石斧还算成功，用 30 分钟砍断了直径为 5 厘米的红叶树树干。不过切口处起了毛刺，与其说砍断的不如说是敲打断的，我不禁有些不安。

由于有 30 多年前的体验，所以我向渡边先生询问了再现实验中所用的石斧的石材。

答案是，比起坚硬的石头，质地柔软的石头更好。挖掘出来的石头无一例外是柔软质地的，理由是石器需要研磨。石头与铁不同，没有韧性，因此刃容易磨损。即便是质地坚硬的石头也是如此。因此，石器需要时常研磨。然而，坚硬的石器研磨起来会很费劲。因此倒不如选择柔软的石头制作石器，一旦刃口磨损，也可以马上再磨好，这样反而更方便。原来如此！只要比木头的质地硬就可以砍树，出于提高工作效率的考量，绳文人便选择了质地较软的石头。

宫本长二郎先生是从事古代建筑复原的第一人，他与渡边先生模仿绳文人，用质地柔软的石头制作斧子，并测试它的性能。

以选择柔软的石材制作石器为宗旨，那么如何选择被石器砍伐的木材呢？两位先生效仿绳文人，选用坚硬的栗树。用于伐树的石器质地柔软，木材却坚硬，为何要设置这样对立的关系呢？

这样做的原因是：石器无论如何也砍不断柔软的树木。即使用石器砍伐杉树或扁柏（译者注：扁柏，又称侧柏、香柏，属常绿针叶乔木。）等针叶树木，也只是凹进去然后弹回来。用稻草测试刀刃是否锋利，是因为柔软的稻草不易切断。石器砍不断软树也是同样的道理。

如果以栗树等坚硬的落叶阔叶林木为对象，刀刃可以嵌入木头将其砍断。宫本先生说，从石器时代的绳文遗迹出土的建材大多为栗树，并非针叶林木，然而从铁器时代的弥生遗迹出土的则是杉木、扁柏等针叶林木。

因此，他们选择栗木进行实验。那么，关键是，这个实验要如何来做呢？

答案是"打孔"实验。

我们已经知道磨制石器可以伐木，那么，是否可以在圆木上打孔呢？如果可以，那么在柱子上架梁时就可以用它打榫眼，把柱子顶部的榫头插入榫眼将其连接；建造高架式仓库地板时，也可以在粗柱子上打孔，让细梁柱穿过，还能加强房屋的水平承受力（地震或大风引起的横向力）。总之，现代日本的木造建筑技术的基础很可能发源于绳文时代。

在渡边先生和宫本先生让学生扮演绳文人的实验中，成功地用磨制石器打

出了孔。我最关心的是用了多长时间。如果太费时间实用性就会降低。答案是
"相当于用铁斧的时间的 4 倍"。

这是一个能证明实验的妥当性的答案，与欧美的实验考古学调查新几内亚
岛原住民的结果一致，相当于铁斧的 4 倍，说明有充分的实用价值。

我儿时的梦想向现实靠近了，不过梦想成真之时我的身体是否还健硕
呢？无论如何，比起对学术的关心，我更愿意自己用石斧建筑房屋，这是消
耗体力的事情。

2 魔法般的先进技术——绳（捆绑技术）

图中文字：说到建筑上的"捆绑"，魔斯拉幼虫曾把自己绑在东京塔上。（魔斯拉是蛾子，是日本电影中的角色）

最近，对"捆绑"产生了浓厚的兴趣。虽说如此，还请大家不要误解，我说的是建筑的捆绑技术。

40 岁以上的读者也许还记得，直到不久之前（译者注：此处是指本书日文版出版之前，即 2001 年之前。）建筑工地的脚手架还是用铁丝捆绑杉树圆木制成的。我小时候则是用绳子捆绑的。如果去看明治时期修缮东大寺大佛殿的照片，那个大型建筑物完全被杉树圆木的脚手架覆盖了，可见不能小觑绳子绑紧时的力度。即使现在，在中国，高层建筑用的脚手架也用竹篾捆绑竹子制成的。虽然担心不安全，但却没有听说倒塌的，可见相当结实。

除了脚手架，现在只能在乡村看到捆绑技术了。土墙底下的竹骨胎就是用绳子将细长的竹子绑成格子状制成的。

即使存在覆盖巨大建筑物的"神秘力量"，但脚手架只是临时搭建的，建筑物完成后就会消失，竹骨胎也会在泥封住墙后，从外部看不到。不仅是这些捆绑行为，捆绑技术也是怕人看见而在暗处进行吧。

不论是否在暗处，只要有捆绑技术就是好事。现代的建筑工地大多使用钢管脚手架，竹骨胎也换成了板子，不再需要捆绑技术了。家庭也一样，物流行业发展，人们用胶带封口而不再用绳子捆包裹了。行文至此，我环视家中，要说捆着的东西，只有明天要扔掉的分类垃圾———一摞捆着的杂志。还有一个是荧光灯的拉绳开关。请读者们也想想最后一次用绳子绑东西是何时吧。大部分答案一定是很久以前。建筑工地也好，家中也好，眼看绳子就要消失了。

虽然，如今捆绑技术落魄至此，但在很久之前，日本人的祖先在日本列岛建造房屋时，这可是尖端技术呢。

用石斧砍栗树、将柱子立在挖的坑里，接着在柱子顶部水平架梁，那么，这两种材料要如何稳固地连接起来呢？如果不稳固，房梁一旦松动就会掉下来。如今，建筑工地的负责人会采用螺栓拧紧的方法，这是最简单而且牢固的方法。再早些时候，会让木匠在柱子上削出榫头，并在房梁两端上打榫眼，将榫头卡在里面。顺便提一句，说不定以后会用黏合剂固定。

那么，原始人没有螺钉、凿子、锯子，也没有黏合剂，他们该怎么办呢？虽然磨制石器可以削榫头、打榫眼，但是很快会脱落。幸亏有捆绑技术。作为与日常生活相关的技术，捆绑技术被广泛应用。比如，打猎用的弓箭。黑曜石箭头和箭尾的羽毛都是用树皮捆绑固定的，弓弦则绑在弓的两端。捕到野猪之后，用绳子将野猪的四肢绑起来，用木棍穿过去，两人扛着赶回家。

绳子的存在使捆绑技术的发展成为可能，即使是一根根又细又短的草或者树皮，如果捻成绳子，它的抗拉强度会增加，同时还可以任意调整长度。"用绳子捆绑"几乎是唯一能将物品固定在一起的技术，在原始社会无疑会被当成魔法一般的尖端技术，这使得原始人带着敬意去使用这种技术。正因为这种敬意，才诞生了表面有线绳花纹的绳文土器，以及为了保护神圣的场所而存在的稻草绳。

使用魔法般的捆绑技术可以固定柱子上的房梁、房梁和椽子、椽子和横杆、横杆和茅草。总之，捆绑技术无处不在，日本列岛最初的建筑就是靠捆绑建造出来的。

如果现在想看古代的捆绑技术，就去飞骅高山上的人字木屋顶阁楼。支撑大屋顶的圆木仅仅是用绳子捆住的。习惯了使用榫头或金属的人们会有些担心，绳子似乎松动了却没有松开，似乎会断开却没有断开使房子倒塌。

虽然最初的建筑利用的是捆绑技术，但是随着磨制石器和铁制切割工具的出现，使制作木制部件成为可能，捆绑技术已无用武之地，只会在圆木脚手架上使用，后来脚手架也变成铁制的，这种技术终于在建筑界消失了。

但是，以我家房子施工为契机，我对这种技术产生了一些兴趣。有些读者也许知道，我的房子名为"蒲公英之屋"，从墙壁到屋顶都种植了呈带状的蒲公英，蒲公英带之间有两块铁平石，一块的左端压在另一块的右端之上。那么，铁平石如何与不锈钢横杠底座固定？最初，我考虑用螺栓拧紧，这样需要在凹凸不平的天然石头上找到正确的打孔位置，需要非常精确地加工，这已经超出了建筑技术的范围。即使能准确打孔，使用螺栓拧紧时稍有不慎，石头就会断裂。自然界中形态各异的材料很难用精密的工业技术来固定。

于是，我尝试用捆绑技术，结果非常合适。具体来说，就是在铁平石上选择一个位置打孔，用铁丝穿过孔，并与横杠底座固定。现代常当作绳子用的金属丝可以适应不同需要而扭曲，将物品连接在一起。即使物品变形，也可以随之调整。

我为赤濑川原平先生设计 "韭菜屋"茶室的时候，本来想将木柴堆积成弓形做天花板，可尝试了很多固定方法都以失败告终，最后用了捆绑技术。这证明外行也可以掌握捆绑技术。

适应力强、松紧可调、操作简单，这些词在当今最适合形容"捆绑"。我认为，物品的"捆绑"与公司、学校等社会中的"捆绑、束缚"意思相反，在21世纪，社会的"捆绑"慢慢消失，而建筑世界中的"捆绑"又开始复苏。

3 弥生时代开始使用的东西——竹子

　　在日本传统建筑中，竹子经常被使用。有些看不到的地方，比如土墙底子用竹骨胎编成；茅草屋的墙底；并排摆放的竹子代替木板做成地板并在上面铺上席子。也有用在表面的竹子，特别是茶室。壁龛的柱子、橡子、架子上的挂钩、窗棂、洗茶具的池子等，都可以看到竹子。其中，被人们熟知的是桂离宫的"观月台"，是用砍好的竹子直接铺成的。

　　在世界上将竹子当作建材使用的地方并不多，大部分集中在东南亚到日本的范围，这些地方至今仍在使用竹子。中国南部有柱子、房梁、地板、墙壁、门和屋顶全部用竹子建造的房屋。我在中国看见过一次，最令我吃惊的是盖房顶的方法。将竹子劈成两半去掉竹节，凹凸交替地重叠摆放，做成竹瓦。中国建筑史学家中也有人认为中国南方木造建筑使用的独特的木材组合方法是从建筑竹屋的方法发展而来的。看到竹瓦之后，如果有人说陶瓷瓦片源自竹瓦的话，我也会认同的。

　　然而，断定生活在盛产竹子的地区的人们使用竹子比木头更早，这是不对的。的确，就竹子的性能来说，适合原始人使用，粗的可以做柱子和房梁，细的可以排列在一起做地板，砍断的可以做门或墙壁。竹子不像木头那样，需要费劲劈砍，直接使用也可以建造房屋。但是别忘了砍伐工具，伐木的石器无法砍断竹子，如果没有铁器，砍伐竹子也会很困难。

绳文时代无法很好地利用竹子，直到弥生时代出现铁斧和锯子之后才可以。在日本，使用竹子可能和种植水稻在同一时期，甚至可能是和水稻种植技术一同引入日本的。竹子有很多种类，作为建材使用的是毛竹和苦竹。以竹笋闻名的毛竹是江户时代经由鹿儿岛传入日本的。因为苦竹坚硬笔直，所以在很多地方都可以使用，日本人称其为"真竹"。虽然姑且可以认为它是日本野生的竹子，但是研究木桶的石村真一博士认为苦竹可以箍桶，是从中国传入日本，人为栽培之后推广到日本全国的。间接的证据是苦竹能在山林生长，却只有在山中的村庄才有。

先不说苦竹的来历，至少我们可以认为竹子的使用、水稻种植、铁器都是从弥生时代开始的。

写到这里，我才意识到我"讨厌竹子"是因为以下原因。

到目前为止，我的设计作品屈指可数，但总想尝试用竹子做建材。竹子有其独特的材质，比如很轻却很坚韧；大部分都是笔直且形状相差无几；切开之后是空心的；切开使用的时候很新鲜。这些特质虽然在我脑海浮现，但对使用竹子一事我还是有些顾虑。无论如何，有一些地方无法接受。

竹子表面光滑，但我总觉得这种光滑的感觉很不好。作为建材使用的天然材料，光滑的竹子有些与众不同。工业制品中的金属、玻璃、瓷砖、塑料都是光滑的，光滑的材料让人觉得轻快、明朗、抽象，一般人也许会喜欢，但我不喜欢。

在材料质感方面，我认为自然材料和工业制品的区别在于深远的存在感。天然材料的不规则、表面凹凸不平、歪曲、破损，为其增加了微妙的含蓄感，这些使得天然材料耐人寻味，意义深远，具有存在感。这才是天然材料的美妙之处。我坚信像镜子一样的水磨大理石尽管成色不好，但与露出拉锯面的大理石相比，后者更能体现自然的味道。刨子加工过的木板、锯子锯过的木板和砍下的木头相比，同样是后者更具自然的味道。

竹子虽然是天然材料，但表面光滑，用在建筑物上，含蓄感消失，其存在感也降低了。

或许会有读者说，如果那样的话，就像剥树皮那样将竹子的光滑的表面剥掉不就好了吗？我也这样想过，并且用电锉刀尝试加工，但是以失败告终。虽然按照预想的那样剥掉竹子表面，但同时竹子的强度也降低了，变得容易折断。看一下竹子的切口就明白了，纤维从内到外越来越密集，表皮的纤维最密集，因此表皮部分最坚韧，削去表皮，竹子就无法使用了。

因为以上原因，我一直避免使用竹子。我只用过一次，那是用竹片杂乱地编成的一个大竹筐，大得可以装下教室。因为是竹片杂乱无章地编制而成，因此消除了竹子那种光滑的感觉。

弥生时代的高架式的建筑物除了竹子以外，也使用杉树、扁柏或松树。一般来说，使用竹子会感觉建筑物的整体细长而轻巧、强劲而明朗。

另一方面，绳文时代制作竖穴式建筑的主要材料是栗树。前面讲过，石器只能砍倒栗树等坚硬的阔叶树木，而杉树、扁柏、松树等较为柔软的针叶树木只能用铁器砍倒。用石器加工弯曲而树枝多的栗树和用铁器砍伐杉树、扁柏等树木，哪个更加富有存在感，这就不言而喻了吧。

我作为喜欢"绳文时代物品"的人，无论如何也无法喜欢以竹子和针叶树木为基础的"弥生时代物品"。

象征弥生时代的竹子，在弥生时代以后逐渐成为建造城市贵族建筑的高级材料，在江户初期，被用来建造桂离宫，至此，竹子作为建材达到辉煌的顶峰。桂离宫自古以来就是赏月圣地，其实就是供贵族赏月的别墅，而延伸到池中的观月台作为最重要的地方，自然要用竹子来建造。

4 “夏天睡在树上”——树屋

图中文字：皮奇福德的树屋

我参观过世界上现存的最古老的树屋。虽说如此，但我并不是去新几内亚岛的腹地，而是从伦敦乘坐火车和出租车，花了3个小时去了更偏北的小山村。

以新几内亚为首的世界各地的原住民住宅，虽然形式上是古老的，但是伴随着持续地改建，逐渐失去了原来的风貌。英国的皮奇福德宅邸是乡村大地主房屋的一个组成部分。为什么确定这座建筑历史悠久？那是因为维多利亚女王13岁（即1832年）曾经来这个奇特的建筑参观并登上去游玩过。

皮奇福德宅邸与其说是住宅，倒不如说是坐落在丘陵上的一棵直径约4米的橡树上，一个可以铺四张半榻榻米、装饰着都铎时期饰品的小箱子。屋主大概是用它来一边品茶一边眺望田园风景的吧。

我一会儿爬上两层楼高的树屋上，一会儿又走下来，同时思考着日本列岛先民的事情。

日本的先民们可能住在远比现在更高的房子里。

他们生活在高架式住宅里。我从建筑史的教科书中得知，这种建筑是和稻作一起从中国传入的、弥生文化中特有的东西。（可以确定是起源于长江流域，但如何传到日本来却众说纷纭。）绳文时代的竖穴式建筑与弥生时代的高架式建筑相比，可以轻易看出它们的结构是相反的。

但是，随着对绳文时代的住宅生活研究的进展，绳文时代竖穴式建筑和高架建筑并用的可能性很大。后文提到的《日本书纪》一书中写道："夏睡树屋，冬睡洞穴。"冬天住在一半在土里的竖穴式住宅，夏天住在高处的树屋，可以避开蚊虫和湿气，通风的树屋凉爽而舒适。如果不是这样考虑的话，夏天也在洞穴中生活的绳文人对自然环境的适应能力也太迟钝了。

如果说绳文时代和弥生时代都有高架式建筑，那么，我所关心的方向就转移到了这两者之间的差别了。我觉得有些对不起这本书的读者，与不成熟的现代技术相比，古代的技术更有趣，我会不断追溯过去，并且希望我可以用手感知、脑海中可以浮现出人类最初挖土、立柱建造住宅的瞬间。我还妄想着 21 世纪的建筑必须参考古代的建造方法才能开辟出新道路。

可以正确地推测出，和稻作一同传入日本的高架式建筑在弥生时代和古坟时代被使用。以最初的形式保留至今的伊势神宫、古坟中出土的陶俑房屋、登吕遗迹都可以成为依据。中国南部的少数民族和东南亚原住民的住宅也可提供参考。但是，如果说起源于绳文时代，就无从考证了。与大量出土的竖穴式建筑相比，高架式建筑的遗址少之又少，迄今为止都没有发现相关遗迹，但也不能说没有。考古学是发掘认为存在却没有被找到的东西。然而现在认为高架式建筑不存在的学者颇多，因此没有人去寻找。更令我苦恼的是，这些学者中还有人对高架式住宅毫无概念。

绳文人在夏天躲避炎热和湿气的住宅是什么样子呢？作为研究建筑史和设计的人，我认为思考这个问题是我的任务。

"巢"字在《日本书纪》一书写成"橷"，本意是指古代的中国的北方少数民族在夏天时住的高脚窝棚。从写法可知，这种房子不是土地上的住所，而是在树上或依傍树木而建。遗憾的是，在中国也没有找到这种住宅的遗迹。

幸好汉字是象形文字，如果把"橋"看作拇指的巢穴，那么，首先想到的就是"鸟巢"吧。

如果是这样的话，这种房屋的形态自然就清楚了，就像鸟筑巢一样，在树杈处架起圆木当作地板，在地板上铺树枝，在屋顶铺茅草和树皮，从下往上看，组成的样子就像是一个巨大的鸟窝。

新几内亚岛的树屋、英国的皮奇福德宅邸的树屋等，都是在大树的树杈处建筑房屋的实例。我们和先民们一样，到了夏天也是登上梯子，站在差不多两层楼高的地方远眺。这是我在英国的偏远乡村爬上爬下时想到的。

但是，我怎么也想不通，像鸟巢一样的房子设定的房屋高度。皮奇福德宅邸的树屋是两层楼高，新几内亚岛的树屋比三层楼的高度还高。我在杂志上看过 50 米高的地方建造的房屋，日本 NHK 电视台也报道过建在 30 米高的房屋。如此夸张的高度，其目的已经不是躲避夏季炎热和湿气了，而是躲避其他部落的袭击吧。

绳文时代部落间没有猎取人头的习惯，那时也没有老虎和豹子的侵袭，这样的话，他们没有必要在过高的地方建造树屋。我认为他们会建在距离地面较近的地方，和身高差不多的高度。观察树木会发现，较低的地方的树枝是水平方向生长的。如果放任不管，低处的树枝会慢慢枯萎，如果周围宽阔，树枝也能长大变粗。利用低处水平的树枝或者将栗树向阳种植，也能在极低的地方长出三四根枝干。随着近几年的研究，我们发现绳文人把栗子当作主食，因此推测他们种植栗树的可能性很大，并且将栗树种植成适合建造高架式建筑的形状并非难事。如果利用低处的树枝，那么建造树屋的难度就会降低。因为这样可以轻易立起支撑地板的支柱，专业一点来说，就是不用大柱而用短柱即可。

皮奇福德宅邸的树屋是两层楼高，1977 年的一场强风将根基处的一根树枝刮断了，之后勉强使用铁柱来增强牢固性。如果建在低处的话，只需要两根小圆木加固即可。

日本的先民在伸手可触的地方建起的小屋，虽说是鸟巢，但在我们看来就像鸡窝。即使没有留下任何遗也没什么不可思议的。我推测，绳文时代的人能造出鸡窝小屋，也应该知道夏季在高处生活会舒适。到了弥生时代，在这个习惯的基础上，产生了更高的高架式建筑。

日本的建筑和欧美的建筑相比，地板架更高，这个传统起始于绳文时代，至今已有5000多年的历史。经过长时间的发展，日本的地板演变为"铺得很高，保持清洁"。

5 防止木基梁柱腐烂的方法

"你没有打好基础""这家公司从根儿上腐烂了，没救了"。我们都不想听到别人说这类的话，不过在建筑专业用语中，没有"基础""根基"这样的日常口语。

尽管"基础""根基"这两个词广为人知，但是很多人却不能正确理解它们的本意，读者中的非建筑专业人士恐怕也不清楚这两个词的意思。从上下位置的关系来看，基础在根基下方。以前的基础是石头，现在是混凝土，根基是它上面横卧的木头，根基上面是柱子。从下往上的顺序是：地基、基础、根基、柱子。根基是木造建筑固有的东西，混凝土和钢架结构建筑是在基础上面直接立柱。基础和根基的建材也不一样，因此不能混为一谈。根基会腐烂，而基础不会。

从历史角度来看，基础比根基出现得早很多，在很久以前就存在了。从世界范围来看，根基只在木造建筑圈出现，但是只要是建筑就会有基础。与根基相比，基础是更为基本的东西。

接下来，先从基础开始介绍。日本最初是没有基础的。最初是在土地上直接支柱子，确切来说是挖坑把柱子插进去，这就是在绳文时代的竖穴式住宅和弥生时代的高架式住宅中使用的掘立柱。

掘立柱的缺点是容易腐烂，但如果使用极不易腐烂的栗树就可以避免这个问题。在日本青森县的三内丸山遗迹中，从柱坑中发现了很多绳文时代的栗树圆柱，根据现场情况推断，约有 5000 多年历史。

在原始时代的一万多年中，日本列岛都是掘立柱，在飞鸟时代，基础才由中国传到日本。"直接在土地上立木头不太好，在土地和木头之间铺上石头吧。"于是，人们在土上铺上小石子，夯实之后再立柱子。但是，为了严格保证各个柱子安放的高度相同，当初仅在柱子底部铺上小石子，却没有采取防腐措施。然而，使用小石子的时代很快就结束了，之后变成了在地面上铺石头再立柱。佛教建筑中使用的基石就是日本建筑中基础的根源。

我们的祖先为什么要舍弃掘立柱而使用基石呢？这是因为基石有三个让人难以抗拒的技术上的优点。第一，不易腐烂；第二，提高了立柱时的水平精度；第三，基石将通过柱子传来的建筑物的负荷分散地传到地面，使地面不易下沉。

当时应该有一些绳文复古主义者，他们主张"将栗树立到坑里就足够了"。然而这只是白费力气，因为栗树在建材中的王者地位已经不复存在了。之前讲石器时提到过，在绳文时代，可以用石器砍伐是栗树的优点，因此栗树是主要建材。但是到了弥生时代出现了铁器，之前用石器砍不动的扁柏、杉树和松树等针叶树木也可以做建材了，栗树被逐渐取代。与栗树相比，针叶树木具有笔直、生长速度快、易于使用的优点，然而也有易腐烂的缺点。弥生时代和古坟时代的人还能忍受针叶树木易腐烂的缺点，但后来传入既能防腐又能提高精度的基石技术，人们理所当然开始广泛使用基石技术。

飞鸟时代之后，基石和扁柏的组合在日本建筑史中独占鳌头。另一方面，绳文时代那种栗树和洞穴的组合在建造平民住房时还在使用，但是范围在逐渐缩小，只有日本的关东地区和东北地区。现在，仍然使用栗树做建材的地区也只有九州南部的少数地区、中部地区、关东部分地区、东北地区。

不过，骄傲者不长久。由于基石和扁柏的组合也有问题，于是产生了根基。在很长的地方铺石立柱就不太合适，在零散的石头上无法保证柱子的位置完全水平，如果有地震就能使柱子移动，从基石中脱落。这该怎么办呢？将基石分散排列，将方木横置并相互连接，做出完全水平的精确平面，然后立柱，这就是根基。因为根基也是木制的，即使有一些凸起的地方也能轻易削平，打榫眼固定柱子，柱子就不会移动了。

江户时代中期出现的根基是将基石和柱子分开，夹在两者之间，形成基石、根基、柱子的木造建筑基本结构。

同时，我们喜爱的栗树开始"反击"了。虽说根基下面还有基石，但是毕竟是横卧在距离土地最近的地方，因此柱子更容易腐烂。如此一来，只能再使用栗树做根基了。基石和扁柏的组合用曾被人们舍弃的栗树隔开了。但是，长期使用基石和扁柏组合的关西地区的山上只有柏树和杉树，没有栗树木材，只能用针叶树做根基，当地人为了防止白蚁破坏木材而费尽心思。

总之，日本木造建筑的下部的建造方法就这样确立了。明治维新时期，日本事事革新，各方面都受到欧洲的影响，那么，木造建筑的下部变成了什么呢？基本的做法没有改变，但是基础的形状发生了改变——分散摆放的基石组成的基础被欧式的砖头、石头打造的基础所取代，由独立基础向条形基础转变。由此，产生了浇筑混凝土打地基，然后在上面安装经过防蚁处理的根基，最后立柱的方法。

现在，世界上的木造建筑统一使用这个方法。与改良自行车一样，能想到的地方都想到了，再改就不是木造建筑了。设计木造建筑，除此之外别无他法。

可是，想象力不会满足于"能想到的地方都想到了"的现状，想象力驱使人类创新。少年会在月圆之夜的星空下畅想，不是吗？

我的想象力在困惑的时候，思绪会飞跃到过去。那么，现在能否重新使用掘立柱呢？

这个方法最大的缺点就是木柱容易腐烂，不过也不是毫无对策。有易腐烂的木材，也有不易腐烂的木材。比如栗树，再如针叶树，即使木头的芯粗大也不容易腐烂。所谓腐烂就是细菌繁殖，分解树木的细胞，如果能抑制细菌繁殖，就可以防止木材腐烂。这与食物防腐的原理一样。

现在研制出各种防腐剂，其中很多包含有害成分，但也有安全性较高的，比如，人工合成栗树的防腐成分。

虽然柱子能从根部进行防腐处理，但是在土里还是容易晃动，因此要埋在混凝土中。这样就与自然生长的树木一样，即使只有一木独立，也能稳固地立在地面。将柱子分散地立起来，在上面铺上地板，立起墙面，盖好屋顶。这种住宅的外形与高架式建筑一样，于是，日本住宅的原点"夏睡树屋，冬睡穴"中的夏季的住所就建筑出来了。我的"蒲公英之屋"是按"冬天住所"去造的，因此，下面应该造夏天的住所了。

6　是柱子却不起柱子作用的第九根柱子

　　我之前去了出云，有幸参观了出云大社的发掘现场。当我亲眼看见从地下2 米处开采出来的发掘物时，心想"那个传说是真的啊。"

　　这比我在青森的三内丸山遗迹看到巨大栗树后的印象还深刻。

　　关于山云大社的建筑有两个传说。第一个是建筑的大小。根据社传可知，很久以前出云大社高 96 米，后来变成 48 米，现在是 24 米。现在的出云大社看起来已经相当巨大了，可是以前比现在高 1 倍，很久以前比以前又高了 1 倍。尽管 96 米带有神话性质，但是作为建筑史学家，我推测，会不会存在 48 米的高度呢？虽然有相关的复原图，却没有物证。我也有些不敢相信，真的能建成 48 米的木造建筑吗？普通的木造建筑 1 层的高度是 2.7 米，48 米也就是大约 17 层楼高，建造这么高的楼，任谁都会踌躇吧。

　　最大的问题是柱子，日本没有可以加工出 48 米柱子的巨树。即使有这样的树，如何砍伐、搬运、立柱呢？

　　这个难题引出了第二个传说。在平安时代描绘的古图临摹上可以看见铁箍绑住三根圆木柱，合成一根大柱子，当时的确有木头拼接的手法，在东大寺的佛殿中，就是用这种方法造出了世界上最大的、高27米的柱子。大佛殿的合成柱是精细地削出一根一根的木头，用铁箍捆绑而成的，从外观看完全就是一根圆柱，非常稳固。然而，古图上描绘的出云合成柱，只是由铁箍捆绑而成的三根未经处理的木头，说是合成柱倒不如说是捆绑柱。柱子之间的空隙很大。这样草率地将柱子绑在一起，真的没问题吗？这种手法没有流传下来，也没有相关资料。学生时代，我在神社建筑的课堂上第一次见到这张图时，心里就在怀疑是不是为了增加传说的真实性，这是后人杜撰出来的技术？即便是喜欢神话的我也对这个技术的真实性感到不安。而且，从美学的角度来看，也有一些问题。用三根圆木捆成的柱子，既不是四边形也不是圆形，整体上看是圆形边角的三角形，就像是饭团的形状。神社的柱子截面像南伸坊先生的脸……太不可思议了。

然而，我在发掘现场看到挖掘出来的柱子时，仿佛看见像饭团一样的柱子向我微笑。每根柱子的直径为1.35米，三根柱子捆在一起的直径竟然是2.85米。从这个前所未有的粗细来看，出云大社高48米的传说就可信了。

话虽如此，可是，古人为什么要建筑如此高的建筑呢？用捆绑的方式制作一根比树还高的柱子，这听起来毫无道理，为什么一定要这么做呢？

可以从现在的出云大社的柱子中找到线索。江户时代建筑的神殿是由3排每排3根，共计9根的柱子支撑。说到这里还没有什么不可思议的，不过如果画出这9根柱子就明白了，就是"中间1根，周围竖立着8根"。中间的1根可以看作9根中的1根，也可以认为是8根柱子围绕着它。

哪种说法是正确的呢？中间的柱子本身就能回答这个问题。原本只有神官才能进入神殿，可不知为何有位建筑史学家知道里面的情况。据他说，中间的柱子从地板下面钻过来伸出正殿，一直伸到比正殿高一点的地方。如果是在结构上所必需的柱子，那必须再高一点，能支撑大梁才行。

也就是说，中间的柱子并不起作用，它的存在具有某种象征意义。这根柱子叫作"岩根御柱"。伊势神宫每 20 年更换一次的中间的柱子叫"心御柱"，不伸出地板而是藏在地板下面。出云大社的柱子虽然露在地板外，但起源是一样的。诹访大社每 6 年更换一次的柱子叫"神柱"，这三根柱子的名称虽然不同，但性质是相同的。

言及此处，日本人会想到这种柱子是神仙下凡的象征，是神仙降临人间时依附的媒介，称为"依代"。

那么，为什么依代要修建成 48 米高呢？除了它只是后来推算出来的说法之外，还有很多说法。我在发掘现场观察 24 米高的正殿和周围的森林，得出了结论：比森林要高，比树梢高一头。

根据目测，出云大社周围的原始森林的古杉树大约高 30 多米，可以说杉树最高能长到 30 多米，如果把神殿主体建得跟树梢差不多高，正好是 50 米左右。神社作为神仙下凡的地方，要和海上的灯塔一般，有特别突出的高度。

如此一来，我的空想的势头如虎添翼，无法停止。不仅是出云大社，日本列岛各处都耸立着这样的神社。作为神社，必须要比树还高。当村庄被广袤的森林淹没，人们只有一部分土地耕作时，这些比树梢高的神社就像是树海之中漂浮的小岛。就像玛雅文明的遗迹中，用石头金字塔代替木造建筑的情景，只是想想就让我热泪盈眶。

我那想象的翅膀飞到了正殿建成之前的模样，也许，中间的柱子最开始就是一棵自然生长的树。首先，在森林里选一棵高大挺直的树作为依代，再将它周围的树砍掉，让它更明显。之后，在神仙下凡的时候，这棵树要作为神仙的临时住所。也许，地域的族长或巫女会登上树，倾听神仙的声音并与之交流。

总之，要将巨树下部的分枝剪掉，上部的树枝作为根基，建成鸟巢一般的树屋。大树主干的顶端最好露在屋顶外面。

但是，树木会很快枯萎。虽然人们想将神社转移到附近其他的巨树那里（式年造替的起源），但没有合适的场所，于是人们将枯萎的巨树当作一直不变的依代，只把突出屋顶的主干部分砍掉，舍弃作为根基的树枝，下面用支柱支撑。

我站在发掘现场，凝视着正殿和它周围的森林，一幅幅远古的情景浮现在眼前。

7 依靠大树建造出住所

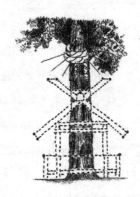

下雨会淋湿，晒太阳会热，从猿进化而来的人类意识到这些不便，发明了可以避雨遮阳的屋顶。

又过了很久，人们为了让屋顶比自己的身体高，设计出支撑屋顶的柱子和墙壁，建筑物的原型就诞生了。

来自信州山村的少年（即作者自己）确信原始人制作柱子很辛苦。中学时代，我就想模仿原始人按照书上的图制作小石斧，确切来说是用研磨机磨出新石器，用它砍伐庭院前的小树，但砍不断，只把树皮和边材（木材的白色部分）砍出了毛刺，却怎么也砍不到树芯（中间的硬层）我不得不怀疑，古人用石斧砍伐木头是真的吗？

然而，长大后，我看了相关书籍才知道，砍树用的石斧相当重，砍伐角度不是倾斜，而是接近水平，这样可以发挥相当于铁斧 25% 的效率。

照此估计，即使用石斧也能在两天砍下盖房所用的最少 4 根柱子，然而，我觉得至少需要一周。如果全村人都出动的话，一天就足够了。若非如此，我儿时的体验就失去了意义，也就不适合写后文了。若能轻易获得柱子，也就无法想象日本的木柱里所包含的深意了。

例如，伊豆韭山江川太郎左门卫家的柱子。江川家于 1596 年之后的 260 多年间一直担任伊豆地方官的职务，一进入院子，广阔的土间映入眼帘。几百年来，人们赤足踩踏，地面上布满了脚印造成的凹凸起伏，湿气让地面像被水浇过一样发亮，大门口附近明亮的地方长着苔藓，像是撒着绿色粉末似的。

如果抬头向上看，没有天花板，只有被熏黑的圆木房梁。俯视地面，仰望天空，我发现一根独自支撑这个黑暗空间的柱子，大概有两抱那么粗。柱子表面用铁斧大概削了削，立在土中，在中间部分系上了稻草绳。

一般的柱子是置于基石之上，而这根柱子不同，它的底部直接埋在地下，是一根掘立柱。

如果我是这根柱子的话，每天会是怎样的心情呢？不穿鞋赤足插在土里，挺直脊背支撑着屋顶，稍稍活动一下就有屋顶坍塌的危险，梅雨季时，埋在土里的脚被水泡胀，白癣菌仿佛在身上蔓延。夏天还好，凉气从脚底传遍全身。

把底部埋在土里纹丝不动地度过了几百年，从过了 100 年的时候就开始有一种奇妙的感觉涌上心头。底部那种集中精神用力站立的感觉渐渐消失了，总觉得脚和土没有分别，我的身体不是埋在土里，而是实际长在土里。

听说江川太郎左门卫家的柱子不是普通的掘立柱，而是选择一棵树原封不动地当作柱子来使用。不需要从山里砍树运回来，而是依附巨树搭建的住所诞生了。人依靠着树生活。

站在土间的黑暗的大空间里，面对着圆木柱，现代人大概也会相信神仙的传说吧。以前的村民会说在柱子上的暗处看到精灵也就不奇怪了。

房子中央的柱子与神仙联系，从什么时候开始有神仙依附在树里的感觉呢？也许是从很久以前开始的。伊势神宫正殿地板下面的中心位置隐藏着一根扁柏所制的掘立柱，出云大社的中间的柱子从地板下穿过直达天花板。

虽然地板下面和天花板的位置有上下之分，但是柱子都在中途被砍断，说明在建造房屋之前，柱子就已经在那里了。大概是原来神仙住的树，或是召唤神仙下凡的树等神柱的遗迹吧。伊势神宫也好，出云大社也好，现在，参拜者们怀着感激之情击掌合十参拜的宏伟的高架式建筑实际上只是为神木遮风挡雨的伞而已。

诹访大社每 6 年举行一次的神柱祭祀活动也不是一根而是四根柱子，不过，柱子象征着神圣，这点与出云大社和伊势神宫相同。

我之所以举出人们信奉山、川、木、石中存在神仙的时代所做的柱子为例，是因为不明白数千年前先人的习惯为何在日本建筑中延续至今。

例如在农村的茅草屋或京城的街上的土间中竖立的顶梁柱。虽然没有像江川家那样系着稻草绳，但还是以神仙的名字命名，立在显眼的地方，而且使用的是比其他树要粗的榉树。

就像房子有梁柱一样，房间也有壁龛立柱。

壁龛立柱和梁柱相似，只有一根，而且要用名贵树种的原色木料。即使把壁龛的木框上漆，立柱也要保持原样。有时立的柱子接近只剥了树皮的木料。涂漆技术和佛教建筑一同被引进日本，因此不是日本本土技术。

只用一根原色木料，这种对柱子的审美观保持至今。它的起源要早于江川家时期，与弥生时代的高架式的伊势神宫和出云大社密切相关，也许更早，要追溯到绳文时代。

就算将起源放置一旁，我们也能肯定，在世界建筑史上，日本的柱子是珍贵的宝物。

除了日本，至今仍以居住木造建筑为传统的地域有英国、阿尔卑斯以北的地区、北美、东亚、东南亚等。虽然范围比想象中广泛，但是柱子的处理方式却与日本不同。因为是木造建筑，所以立柱架梁的方法是一样的。不过，多数情况下，这些地区的柱子只是墙壁的一部分。虽然也有独立柱的情况，但是那是因为那里刚好需要一根支柱，并没有特殊意义。

请在国外旅行过的读者们回想一下，是否见过一根特别的柱子在特别的位置立着的情况？

在房子中心立的顶梁柱，在屋子中间立的壁龛立柱，它们都是珍贵的存在。

人们一般将父亲称为"顶梁柱"，伟人都想背对着壁龛立柱而坐，这不是没有理由的。

另外，关于江川家柱子的传说，在拆迁房屋的时候将柱子连根挖出来确认过，不是树而是掘立柱。这个传说或许源于伊豆村民心中存留的远古记忆，也或许是在很久以前江川家真的用树当过柱子。

8 从木造神殿到石造神殿

图中文字：有木造的
帕特农神庙吗？

二战前建造的银行和保险公司的大楼大多是由一整排石柱支撑的。不仅日本，欧美也是如此。国会议事堂和政府机关建筑也经常使用石柱。

话虽如此，如果只用石柱，石柱上没有“螺旋花纹”“叶形花纹”“碟状花纹”等装饰的话，建筑将失色许多。螺旋花纹是古希腊的爱奥尼亚式柱型；叶形花纹是模仿地中海大蓟叶片的科林斯式柱型；碟状花纹是多立斯柱式，都是来源于希腊神殿的柱型。希腊是欧洲文化的起源地，古希腊人认为生命是永恒的，银行家、政治家等将情感寄托在“基础”“永恒”这两个词中。日本虽然没怎么受到希腊文化的影响，但是看到银行或政府的石柱整齐地排列着，人们心中就会涌现出踏实和信任之感，从而放心存款或者信任政府的决策。不过，请读者想想儿时在河边玩小石子的情景。能用石头做柱子吗？堆积来堆积去，中途总会倒塌，到头来白费力气，就像西西弗斯神话一样。

虽然将石头推起来做柱子比较困难，但是可以做墙。鉴于石头的基本特性，人们都愿意拿它来做墙。欧洲普通农家或城镇居民都不用石柱而用石头（含砖）做墙。但是银行和政府机关的建筑中都有并排的石柱， 硬是做到百姓办不到的事，大概是要彰显自己的强大。

这种做法起源于古希腊，为什么这个哲学家辈出的社会毫无道理地要竖立石柱呢？对此，有个说法是"模仿木柱来竖立石柱"。不仅是柱子，古希腊神殿原本要用木头建造，在中途却换成了石头。虽然公园的栅栏使用混凝土来仿造木头，看上去很廉价，但实际上古希腊神殿也是仿木，只不过材料是白色大理石。证据就是柱子。如果原本打算用石头做，那么做成四角方柱最容易（矿石要切成四方形运出来），可是却为了仿照木柱特意切成圆形。希腊柱子的最大特征是柱中微凸线（收分线），也是模仿顶端变细的圆木柱。多立斯式柱型是在柱子上沿纵向刻浅沟，据说来源是模仿圆木树皮的凹凸表面。不仅是柱子，屋檐下也排列着齿形的凹凸，这叫作"齿形装饰"，源自椽子底部的形状。

对于古希腊神殿用大理石来仿造木头的起源，我们并不确定，那么对神殿的信仰我们有多少了解呢？近些年来的研究表明，世界史教科书上所说的古希腊是理智、有教养的文明殿堂，其实根本不是事实。根据资料记载，神殿中好像饲养过蛇。雅典娜女神是蛇的女神，卫城神殿的人字墙（古希腊、古罗马建筑中圆柱和梁上的三角形的三角墙）上刻着半人半蛇的画像。不仅是古希腊，连中国和日本也从远古时期开始就视蛇为生命力的象征，崇敬并畏惧蛇。我很高兴古希腊的哲学家们能把智慧和那时的人类信仰分开，保持人内心深处的思想。

除了对蛇的信仰外，古希腊神殿中还有一个教科书里没有、无从考证的故事——神殿中似乎充满了血、肉、酒气的味道。战争之前人们祈祷胜利的时候，除供奉酒和水果之外，还把牛羊宰割后供奉在廊柱的周围；作为胜利的谢礼，把俘虏的敌军绑在廊柱上当供品，和能歌善饮的仙人共食到深夜。而将少女供奉为神圣的牺牲品，为了和神仙沟通就要跟巫女交往的说法，大概也是事实。

实际上这些血肉的记忆都被刻在白色大理石所制的古希腊神殿中，比如爱奥尼亚式柱型中的螺旋花纹来源于做供品用的羊头，柱子基石的同心圆形状据说是捆绑当供品的俘虏的绳子的形状。古希腊神殿中全是和理智、有教养的人文主义相反的内容。

回到神殿柱子的话题。为什么古希腊人最初建造神殿的时候，不使用地中海地区资源丰富的大理石，而要用匮乏的木头呢？古希腊民族是从北方幽暗的森林地带迁移到明亮干燥的地中海地带的，他们信仰充满生命力的森林，以及不能忘记对木造建筑的记忆，因此才要使用木头。但是最终，大概是因为缺乏木材，只好把木柱换成了石柱。

从木造建筑过渡为石造建筑的时间尚不明确，也没有遗留下能表现这种转变的古建筑。我们只能随意想象，不过可以肯定这在当时的建筑界是一件大事。建筑材料从木头变成石头，无论外形再怎么相似，给人的印象也完全不同。从那以后木匠失去了工作，建筑业成为石匠的天下。他们竟然把伊势神宫的扁柏柱子换成混凝土柱。可是固执的古希腊木匠讨厌用石头来模仿木头这种似是而非的做法，他们是怎么转变的呢？

我异想天开地认为，木柱换石柱的契机是"接换柱脚"。木柱的弱点在接地的部分，这里会最先腐烂。法隆寺的柱根部分如果腐烂，负责维护的人就只把这部分换成新的木桩。这项称为"接换柱脚"的维护技术至今仍为日本独有，不过很久以前古希腊的木造神殿也应用过类似的方法。他们把既容易得到又不易腐烂的大理石嵌在木柱下面，为了和木柱相配，还给石头刻上花纹。还有一部分石头必须做得更像木头，于是人们在大理石表面用凿子刻上"树皮"，还涂上和树相像的颜色。自然而然就出现了善于制作仿木的石匠，他们被称为"古希腊的左甚五郎"，并且他们很喜欢这个称呼。最开始只是将腐烂的部分换成石头，后来将上面完好的部分也一同更换，接着扩展到房梁、屋檐，当哲学家和木匠意识到的时候，不知不觉木造建筑已经完全转变为石造建筑了。是这样吗？古希腊人不擅长逐渐改变。

逐渐改变成石造建筑的结果，无疑令古希腊的建筑界和思想界对木造建筑产生了深深的愧疚（这只是我的猜想）。也许哲学家们会哀叹"被甚五郎托雷斯骗了"。

由于古希腊人不懂拱形结构，所以做不出石造大空间。另一方面，古罗马人却运用拱形技术成功建造出各种建筑，从水道桥到高 40 米的无柱大神殿。至于为何如此喜爱石头的古希腊人对拱形结构一无所知，尽管有人说是因为他们的技术天分不如艺术天分那么高，可我认为会不会是他们对木造建筑的愧疚心理阻碍了石造技术的全面发展呢？

于是石头继承了木头的形状。刚开始在石柱上使用巧妙的圆柱收分线时，明治时期的日本建筑家伊东忠太做了大胆的假设，认为这种方法始于 2000 多年前。1892 年，伊东忠太站在法隆寺前，看到中门柱子上的隆起而联想到了古希腊神殿。但是确切地说，法隆寺柱子的曲线和中间的隆起部分与向上逐渐收口的古希腊圆柱收分线不同，因此被称之为"胴张"，而非圆柱收分线。

伊东忠太为了"胴张"证明的起源是柱中微凸线，他骑在驴背上，用 3 年时间穿越中国到希腊，遗憾的是没有找到证据。所以，尽管奈良市的导游是如此向游客介绍"胴张"的起源，但是专业的建筑史学家却不承认这个说法。

法隆寺的"圆柱收分线说"和正仓院校仓造的"湿度调节说"，是关于奈良古建筑的两个广为流传的说法，前者目前还无法证明，后者通过科学的测量手段被证明是错的。可是就我而言，还是希望古希腊的石柱和法隆寺的木柱之间有"血缘关系"，因为无论是用石头、混凝土还是铁来做柱子，其技术和外观的起源都是木头。

9 持久耐用的木板——切割板

不知过了几百年，庭前生长的纤细的南天竹才成为制作壁龛的柱子的材料，我原本怀疑它不能长到做柱子的粗细，因此当我去别府（旧国武府）参观南天竹柱子的时候，惊讶得就像第一次看到跟盆子一样大的扬子江甲鱼。在千叶（旧神谷府）看到葡萄藤做的壁龛柱时，我更是惊讶地想："这样也行？别开玩笑了。"这种东西是从哪里找到的？日本的确有丰富的木造建筑，但是其弊端也是根深蒂固的。

选用名贵木材来制作壁龛柱，使其失去本来的目的，这是显而易见的问题。即使是非常有品位的建筑师所设计的住宅，在我看来木造还是存在问题。

木板的问题最明显。除了木纹胶合板，将自然生长的橡树、栗树木材切片粘在一起的胶合板，甚至是糙叶树制的地板木材，也没有天然的裂纹或节子（木材上的疤痕）。而且，因为涂抹了不沾污迹的强力涂饰，已经差不多和新建材没什么两样，它们不过是以木材为原料的工业制品。以上说的是地板和墙板，天花板则稍有不同。天花板没有涂饰，因此能留下自然的感觉，但是由于只选择节眼整齐的材料（以秋田杉的中段木材为代表），相邻木板之间的纹理并无差别，很容易被误认为是木纹胶合板。听说现在的孩子们如果闻到庭院中丹桂的味道，会认为是厕所里面的芳香剂。天花板也是越精挑细选越感觉廉价。

日本的板材业将"均质的""整齐的"这两个词作为口号，品质不断进步，如果留心就可以发现，这和工业制品的动向相同。如果说用葡萄藤做壁龛柱欠妥，那么木板的发展也有问题。

这种情况的演变有很长的历史背景。

近代以前，在建筑用的木材当中，木板是最难做的。用石斧可以做柱子（房梁也可以），虽然日本最初的柱子产生于绳文时代，不过要做木板就必须用铁器，而铁器直到弥生时代才出现。也就是说，做柱子和做木板在技术发展上相差几千年。另外，近些年来发现有可能在绳文时代就可以用石器制作木板，等发现确凿的证据之后，我会更正上述理论。

虽说用铁器制作木板，但当时还没有发明纵割锯。从弥生时代到镰仓时代的很长时间，人们都使用凿子和楔子来做木板。将圆木的侧面用凿子挖一排眼，将楔子打进去。做厚木板要像砍石头一样，而做薄木板则要再用劈刀等工具纵向劈砍。

若想使用纵割的锯子，就要先锻造出又长又薄的钢材，这需要比制刀还高的技术。虽然镰仓时代发明了锯子，但是那时锯板子远比锯柱子要费劲，还留下了"吃不够一升饭，就锯不了木板"的说法。

在使用切割板的漫长时期，可以用于制作木板的树木仅限于柏树、杉木等笔直的针叶树，因为它们的树干纹络顺畅且没有疤痕。如果树木的纹络杂乱无章，那么砍出来的形状会弯曲，如果有疤痕就砍不断。恐怕在砍伐后运回村里的圆木料当中，能制成木板的也就只有十分之一。日本人形容天生就兼具品味和能力的人时用的"节眼良好"这个词，可能就是由此而来。

如果我们不了解以上的情况，就无法理解日本特有的"珍贵木材"的含义。

听到珍贵木材时，可能读者首先想到的是制作柱子用的材料。但是并非如此，珍贵木材界的王者是木板。的确，南天竹或者被合称为"南洋三大木材"的紫檀、乌木、青龙木等价格昂贵的壁龛柱材料在外行人眼中很珍贵，不过那只是因为这些树木原本就很珍稀或流通成本高，而材料其实并不贵重。制作壁龛柱时，即使材料有节或疤痕，把它们朝向里面就行。柱子和木板相比不容易弯曲，从圆木中不难找到"四寸角一间半"的做柱子的好木材。

可是说到木板，由于受到切割板的影响，人们始终还是局限于选择树干纹络顺畅且没有疤痕的材料，就像只要金枪鱼中最美味的部分一样，从巨树中也只能得到几片木板。纪洲土著居民家用榉树制成的壁龛板像两张床那么大，埼玉的远山家（音乐评论家远山一行的老家）的梧桐木制门有一张榻榻米那么大。作为门的梧桐木到底以什么样的姿态竖立着呢？实际上有凤凰来筑巢吧。

另一方面，受切割板悠久历史的影响，人们对珍贵木材所制的无节木板非常喜爱。这种喜爱促进了木纹胶合板的工业化发展，而真正的橡木、栗木等地板材料，随着工厂的批量加工生产，逐渐近似于木纹胶合板，工厂的加工去掉了自然材料的个别性、偶然性和缺点，使其质量统一，然后加上涂饰，让它们看上去光滑。

写到这里我不禁怒气上冲，这种做法简直是暴殄天物！珍贵木材、木纹胶合板以及介于它们之间的木材的共同点都是质量统一、光滑，包括建筑界和木材界在内都出现了问题。因此，从用于建筑的木板中，完全感受不到树木的强壮和生命力。

那么，该如何是好呢？只有努力尝试把树木的力量注入木板。出于这个想法，我数年前在信州茅野建造了名为"神长官守矢史料馆"的小型市立博物馆。我要求能看到的地方一律不使用工业制品，因此一开始修建就遇到困难。玻璃怎么做呢？用德国工匠制作的手工玻璃；插座金属板交给铁匠打造，用作面板的木板怎么办？如果不在工厂用锯子锯的话，就只有像弥生时代那样劈砍了。人们看到劈砍后未经加工的纹理，还能感受到树木的气息。

我曾经建造并试着居住过绳文时代的房屋，不过专心致力于弥生时代的建筑技术还是头一次。要把直径不足 33 厘米，长约 132 厘米的日本花柏劈成木板，我觉得不需要在侧面钉楔子，而是考虑从木材的横断面用刀具劈进去，竖着劈开。于是，试着用类似劈刀的刀具在当地的木材加工厂实行起来。虽然可以用刀具砍进花怕的横断面，但接下来无论用刀背怎么敲，花柏都只是发出吱吱的声响，没有裂开的迹象。想从头做起可又不想放弃，于是我陷入了进退两难的境地。

对建筑史非常感兴趣的父亲看到进退维谷的我，请来了住在八岳山脚下铸工村落里一位名叫矢泽忠一的老人。老人从 50 年前就开始制作切割板，由于二战后没有人再用切割板，就转行做金属薄板了。如今他将家业传给儿子，自己隐居山中。矢泽先生弯下他那本已弯曲的腰，跨立在圆木两端，从旧麻袋里取出铁楔子和木头楔子。首先在接近圆木横断面的位置把铁楔子敲进去，木头慢慢裂开。接着用槌子敲打，铁楔子越嵌越深。然后在铁楔子旁边锤进木头楔子，扩大裂痕，铁楔子就会很容易取下来。再用铁楔子继续敲圆木，就这样反复作业。

我眼前是山，在山的背景下，是双脚跨在花柏圆木两端驾轻就熟地使用着铁楔子、被晒得黝黑的矮小老人，和老人的动作相呼应的是槌子的敲击回响和裂痕延展的声音。我看着老人工作，体会到绳文人战战兢兢地从山上下来，聚精会神地凝视弥生人从平地开始建设村落时的心情。一根圆木只能做成一根柱子，可用一块铁片却能砍出这么多木板，就像在春天种下一粒稻谷种子，秋天可以收获成无数大米一样令人不可思议。

矢泽先生患有顽症，他每天上午去医院打点滴，下午工作，用了 4 个月时间为我打造出约 148 平方米的切割板。安装好的花柏切割板墙壁，充分体现出树木曾经旺盛的生命力。遗憾的是不久之后，矢泽先生去世了。

10 错误的"传说"——校仓造

图中文字：

右：曾经听说把宝物放在高架式住宅中比较好，真的是这样吗？

左：小狗的藏宝库

关于日本的传统建筑，有很多"传说"全都是极力称赞日本木造建筑有多么优秀。

赞扬的力量是伟大的，无论什么样的女孩子，只要父母不断称赞她漂亮，她就会有自信，不久后自信就会显现在脸上，她真的变漂亮了。日本的木造建筑也一样，在自己说是世界第一的时候，好像它们真的就成了世界第一。

如果用专业的目光去分析就会得知，日本木造建筑的顶峰在明治中期到大正时代，而绝对不是江户时代。不知这是否能成为依据？从日本向世界打开国门开始，木造建筑技术迅速地登上顶峰。

在江户时代如果有势力的商人想建造奢华房屋的话，幕府就以"奢侈禁止令"为由，将其财产没收，而武士本来在经济上不宽裕，也不会去修建房屋。到了江户初期，幕府才有财力在建筑上下功夫，比如兴建日光东照宫，还有桂离宫，先不说设计的怎么样，起码从材料和加工技术方面来看，都显得很低廉。

到了明治时期，平民百姓终于可以无所顾忌地修建房屋，可以集中来自日本各地的木料和工匠建造一个建筑。现在日本大成建设集团的前身是二战前大仓土木株式会社，其创始者把自己的宅邸修建在如今大仓酒店所在的地方，而把别墅建在隅田川对面的向岛上，1912 年，在别墅中建成了名为藏春阁的日式迎宾馆，现在迁到船桥市的拉拉港中，并更名为喜翁阁。如果去那里看一看，就会明白原来这就是奢华的材料和极致的技术。1912 年建成藏春阁表明那个时候日本的木造建筑技术达到了顶峰。

据说在 1915 年到 1920 年修建明治神宫这段时间， 是木匠大显身手的时期。全日本的珍贵木材都集中到一起，对自己技术有信心的人从全国各地火速而来，在这些木头身上将技艺发挥到了极致。

到了明治时期之后，称赞日本的木造建筑"太棒了""世界第一"的时候，就不再是夸张而是名副其实了。

我们先对众多传说当中的一个加以验证——校仓造的调湿能力。奈良正仓院的建筑是高架式的"校仓造"结构，由于它是皇家储存世代流传的宝物的仓库，因此不用说创建之初，就连现在打开屋门也必须有天皇的允许。经过一千多年，宝库始终遵守这个规矩没有改变，这在世界上也绝无仅有，因此它是"世界第一"这一点毋庸置疑。

即使在传说中，"校仓造"的构造也称得上是世界第一。在"校仓造"结构中，下雨时木头膨胀，木头之间的缝隙关闭，可以防止湿气侵入，而晴天时木头收缩，缝隙打开，放走里面的湿气。

将建筑架高避开地表的湿气，以"校仓造"结构来调节湿度。原来如此，我坦率地承认了这种新奇的结构体现了古人的智慧。初中、高中去奈良修学旅行的时候，我也从导游那里听到过同样的介绍，但是，进入大学学习建筑专业后，建筑史课堂上从来没有讲过类似的内容，教科书中也没有写。作为"日本智慧"的最后一棒，大学并没有接过初中、高中手中的接力棒，而将接力棒抛在地上。

我认为这是社会常识和专业知识之间的隔阂。高架式地板确实有效，那么"校仓造"结构的调湿能力怎么样呢？木头的确会随着湿气而膨胀，但是膨胀后缝隙能完美关闭必须满足两个条件。

第一个是"校仓造"仓库中使用的木材性能，相互之间的接触面不能凹凸不平，因此材料必须是无节且木纹笔直的纵断面木材，而且仅限于使用时不萎缩的粗大柏树木芯（芯材）。

第二个是加工的精度，"校仓造"仓库所用木材的接触面要完全相合，所以必须削得非常平。

首先，奈良时代的确有可能生产出无节、笔直、粗大的扁柏木材。因为之前在日本可以随便种植树木，全日本就像屋久岛那样，都是绳文杉木、绳文扁柏。从中砍下节眼整齐的巨树，就像取下金枪鱼中脂肪多的部分一样，只用最好的木料。其次是加工精度，那时候，日本的木匠以其加工精度世界第一而自豪。他们能够做出两块叠放得严丝合缝的木板。

由于这两个条件在奈良时代都能实现，大家会因此认为校仓造构造真的能调节温度。可是我去正仓院实际参观后，却很怀疑。从侧面看，校仓造的木材有顶梁柱那么粗，当然有木节，还有很多裂痕和弯曲。姑且不论竣工之初如何，起码数十年过后缝隙很有可能打开了就合不上，就像关不紧的相机快门一样。

"即使如此，也只是程度问题。尽管有无法闭合的缝隙，可或许整体上还是能够调湿。"

这是我在大三的时候，对建筑环境学（研究空调对建筑影响）教授提出的问题。教授给了我一本书，其中有篇文章的作者是一位研究空调在建筑中所起作用的学者，他和我被相同的疑问所烦恼，于是在正仓院内外安放湿度计来测量数据。当然这是二战以后的事情，在此之前，这种做法被认为是"不敬"，是不允许的。

那么，结果如何呢？

我将测量结果整理之后交给编辑，编辑发来传真说"希望给大家看看数据"。开始我觉得给一般读者展示测量湿度的数据太过于专业，因此本想拒绝，但考虑到我是大学教授，就在这里为大家讲解一下。

数据如下面的表格所示。

月	温度（℃）		湿度（%）	
	"校仓造"仓库	八幡寺院内	"校仓造"仓库	八幡寺院内
1	4.1	4.5	84.0	82.0
2	3.2	3.7	83.0	81.0
3	6.5	7.6	71.0	72.0
4	11.0	11.8	74.0	75.0
5	16.0	16.1	70.0	73.0
6	21.4	21.4	74.0	75.0
7	22.7	23.8	86.0	88.0
8	25.9	26.0	76.0	81.0
9	22.6	22.4	75.0	81.0
10	15.0	15.0	77.0	81.0
11	10.9	11.7	76.0	82.0
12	5.7	6.5	73.0	77.0
平均	13.7	14.1	76.5	79.0

资料来源：《建筑学体系 22》，室内环境计划，彰国社，1957 年。

从表中可以看出，冬天室内的湿度比室外高。年平均湿度超过76%，这种湿度条件放到现在是不能做收藏室或博物馆的。虽然春秋季节数值有所下降，但在6月梅雨季节，室内外湿度差只有1%。从整体数值的变动来看，正仓院和普通的木造建筑并无两样，没有显出校仓造构造的独特调湿效果。

"校仓造"构造的作用，并不是保持室内的干燥状态，而是当外面下雨时，不会立刻影响室内，但过一段时间室内的湿度也会增加，最后差不多和外面一样。即便外面晴朗，室内也还会保持一定湿度，不久湿气散尽，里外一样。"校仓造"所起的就是这种"滞后"作用。

外面的变化迟缓地传给里面。

仔细想一下就知道，建造如此大的建筑物不可能没有缝隙，无论怎么运用"校仓造"技术，也有地板和望板，望板上还铺着土和砖瓦。

因此，传说只不过是传说罢了。但是也不能说正仓院的"校仓造"构造对湿度调节没有意义，至少它有推迟外界向室内传递湿度变化的作用，现在的博物馆建筑人员对这种作用很是关注。日本的绘画、漆器和佛像等文化财产最怕的不是高湿度，而是湿度的骤然变化。木头能在湿度开始增加时吸收空气中的湿气，而在开始干燥时放出湿气，以这种方式来缓和湿度变化。木头越多，湿度变化越缓慢。

正仓院"校仓造"的出色之处不在其伸缩性，而是根据仓库所用木材的粗细来调节湿度的能力。

11 自然和人工的分界线——茅草屋

图中文字：茅草屋的屋
顶很怕着火。

　　十几年前的暑假，全家人回老家的时候，我突发奇想"建造一所自己住的绳文住宅"。从我儿时制作石器和土器之时起，心中就一直想尝试做这件事。上初中的大女儿不愿意去，留在家里。我带着三个还没上学的孩子和妻子，一家五口向山那边进发。

　　我们走到山脚下，在一棵高大的胡桃树下选地方，浅浅地向下挖了4张榻榻米那么大的地方。我有露营的经验，知道即便除去放炉灶的地方，这么大的面积也可以容下一家人饮食起居。接着进山砍伐做柱子和房梁的圆木各4根。4张榻榻米大的房屋骨架所需的木材不用很粗，因此我砍了8棵直径不到10厘米的树。放置在房屋骨架上的椽子和横架于椽子之上的树枝很多，不过杂木林低处生长着许多细长的橡木和枫树，我用了4小时左右砍完了需要的木料。

　　砍伐这些木材是用劈刀，因此4个小时就足够了，可是如果在只有石器的绳文时代，需要多长时间呢？据研究，石斧的效率是铁斧的四分之一，因此要是用石斧劈砍，就需要16个小时，因此即便一天用8小时，也需要两天才能取得所有房屋骨架的材料。请附近的人帮忙也仍然需要一天。

谁都可以马上做出绳文建筑。

原本理应如此，但是在建筑工作中，会被意想不到的问题困扰，陷入进退两难、无可奈何的境地。

屋顶铺什么来遮雨呢？从小时候开始我就见过多种简单的遮蔽方法。过去人们每到秋天割完稻子就开始为过冬作准备，其中一项就是在庭前建造临时的工作小屋。

我家不建这种小屋，家里有老人的大多数会建。我划出四张半榻榻米大小的地方，向下浅浅地挖一尺深，放上稻草，铺好席子，不立柱子，而是在左右两边竖起细长的圆木，从上面交叉绑在一起，作为骨架兼椽子。然后依次从下往上把稻草绑在上面，铺好屋顶。在入口处挂上席子，房子就算完成了。

这可以称为露营用的绳文住宅，两天就建好了。在过去，第二天人们就可以把稻草带进去，为编制过冬的捻绳和席子作准备。

还有结构更简单的屋子，是在山里工作的人在深山中建造的。在一张榻榻米大小的地方，将细长的圆木倾斜着并排靠在一起，把刚砍下来的白桦或杉树皮剥下来铺在上面，再压上小树枝，大概也就临时住几天。我并没有见过建造过程，不过我估计五六个小时应该就能完成。这肯定是在竖坑式绳文住宅出现之前，就流传的房屋建造方法。

稻草也好，树皮也罢，用植物铺房顶很简单，我都不放在心上，割下茅草捆绑到一起就可以。

我的老家位于长野县茅野市，就像名字一样，野外生长着许多茅草，于是我去收割。一株茅草有许多分枝，我站在旁边用左手握住一把，拿镰刀从根部割下来。说起来简单，实际上将杂乱的茅草根部一把握住很麻烦，这个工作花了我不少时间。

抓住茅草、割下来、放在一旁，如此反复作业，收集的茅草差不多有一抱。

孩子们两人一组负责搬运，用了 4 个小时把堆成山的茅草铺到屋顶，再在地面铺一些，茅草山立刻就消失了。原因很简单，铺草的时候需要紧紧地按压缩实，因此体积减小为原来的三分之一 。

用一天时间收割的茅草，铺在 4 张榻榻米大小的绳文式小屋顶上也只有不到 10 厘米厚，在小屋里面仍然能透过屋顶看到蓝天。不过我已经疲惫不堪，于是就此结束工作。我们在屋里过了一晚，好在没有下雨，茅草屋顶还能遮蔽露水。但是屋顶都是缝隙，不能抵挡蚊子，只能一晚上不时起床，不断往炉子里添木柴熏蚊子，火一灭蚊子就都进来了。

铺在屋顶的茅草厚度必须在 30 厘米以上才能遮蔽雨水，而真正的绳文住宅面积更大，割茅草需要很多天。而那时没有铁镰刀，不知道用石器能否割下茅草，即便可以，也需要花费数倍的时间，因此建造一所房子要好几周。

不能小看割茅草的工作量。和砍树、打孔的工作相比，割茅草铺屋顶的技术含量低，谁都会做。但是就工作量来说，比立柱架梁要大得多。要想割下小山那么高的茅草堆，需要出动的人手就如同举行仪式那么多。

很久以前，在日本各个村子里，建设房屋的时候把铺茅草作为一项单独的工作来处理。和现在一样，新建房屋的主人雇木匠和泥瓦匠来割木头、刷墙并付给他们工资。唯独铺屋顶的工作，是从村里几十年收割堆积的茅草山中搬取所需的茅草，而后全村出动铺房顶。

无论是伐木还是安装房屋部件，绳文人建造房屋的过程都是共同进行的。直到早些时候为止，村里的村民日常仍然会整体出动去铺房顶，这是从绳文时代唯一流传至今的建造房屋的传统。

我们无法证明日本民宅的茅草屋顶和 5000 多年前的绳文时代是否真有联系。现在，如果去以草顶房屋存有率而闻名日本的京都府北桑田郡美山町，会看到倾斜角度很大的入母屋（歇山顶）造型，结合绳文人冬天住在洞里的习惯，谁都会理解为什么绳文住宅只有屋顶露在地上了。

不仅是茅草屋顶的形态和技术，连村民们集合起来共同工作这一点，都是从绳文时代开始延续下来的。

有建筑师说看到山里成片的茅草铺盖的民房就像蘑菇一样。的确如此，不过我想提醒大家注意的是，蘑菇这种菌类由外观反映出的特性和其他花草不同，纵向的支柱和水平的菌伞显出力学的构造，有浓重的人工建筑感。或许菌类中最具建筑风格的蘑菇和建筑中最接近自然（只覆盖茅草）的茅草屋顶外形相似是理所当然的事情。

茅草屋顶虽然是人工搭建的事物，但却非常自然。历史上，茅草屋顶也是作为日本人最接近自然时的技术而保留下来。因此，假如我因思念山河、树木、花草而想做一个建筑，当然会考虑铺茅草的方法。

可是第二天，我造的建筑就毁坏了。并不是因为没有足够的工匠和材料。那都是借口。只要有工作就会有工匠来，茅草也一样，有人收割就还会生长，而且越割长得越好。

茅草房屋也有相当的耐久性，不比能用三五十年的工业石棉瓦或铁瓦制品差。尽管如此，第二天房屋就毁坏了，是由于失火而造成的。大部分都不能用了（如果周围再有 10 米的空余还可以）。即使仍然能用，以后也要极力避免发生火灾。

实际上我后来设计美术馆时考虑了很多种方法，还是无法让茅草屋顶不可燃烧。

绳文人是不是也受到过火灾的困扰呢？

12　从前，屋顶上开满花

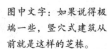

图中文字：如果说得极端一些，竖穴式建筑从前就是这样的芝栋。

本节围绕日本民居屋顶的奇妙风俗习惯来讲述。

如果看到在头上种着草行走的人，我们一定会被逗得大笑，可实际上在日本民居中就有类似的现象。有一种被称为"芝栋"的风俗是在铺草的屋顶上面（屋脊）种草。茅草与活草相结合才是真正的草屋顶。种植的草以野草为主，因此称为"芝栋"（日语中为"野草"）。种鸢尾花和卷柏的屋顶也很常见，还有百合、松、芦笋等较为奇特植物的屋顶，只要是抗干燥的植物都有人种。前一阵子我去小有名气的"芝栋的最后宝库"岩手县一户町和青森县八户市的人家采访，还看到了屋顶盛开的韭菜的白花。

为什么在屋顶上种草呢？有种说法是屋脊的位置就像马背一样，茅草向两侧分开，因此草根能长得很牢固。不过我认为种百合或韭菜就没有这种效果，而且最重要的是，要让草根牢固有很多更简单的方法。我听说，种草是为了让屋脊不干燥，而如果屋顶干燥可不行。

这种风俗流传下来的理由都比较奇怪，大概是从遥远而难以想象的远古时代的某种情形所遗留下来。试着追溯一百多年前的明治初期，看一下东海道的驿站照片就会知道，从箱根到这里（关东地区）的驿站屋顶几乎都是芝栋。根据对高速增长期（20 世纪 50 年代 —70 年代）以前的调查，东日本除多雪的地方之外都有芝栋，而西日本仿效的少，但也零星分布在九州地区。如果这种奇妙的风俗习惯随着时代的变迁有逐渐消失的倾向，那么追溯从前，芝栋的分布密度应该很大，就是说日本有在屋顶上种花草的时代。

假设现在只有日本还保留着这种风俗，可没有理由来证明这个假设。好在法国大西洋一侧的地方也有这样的屋顶，无论是屋顶的形状还是鸢尾花都和日本的芝栋一模一样，令人惊讶。隔着欧亚大陆的两个地区，屋顶上都种着草，这是怎么回事呢？

古希腊的石柱和法隆寺的石柱类似，还有尤里西斯（即奥德修斯）和百合若大臣（日本传说中的人物）的共通性，等等，能体现欧亚大陆两端相关性的故事很多。可是法国某地和日本相隔遥远，应该很难产生联系。然而，并非如此。目前在日本，芝栋密度最高的地方也就是有 1 户到 9 户人家。这个地区和欧洲有直接联系的传说，是相传一个名叫户来的村子中有耶稣的墓，难道是耶稣把芝栋技术带到了这里，让欧洲远征军看到熟悉的芝栋房屋。

之前看到的那一家芝栋，韭菜种子似乎长期从屋顶上散落下来，能清楚地看见连茅草屋顶下面都开着白花。或许从古时开始芝栋就一直蔓延到屋顶下面。日本的屋顶上面鲜花盛开。这种想象非常夸张。

以这个想象为跳板，放眼欧亚大陆，我发现了有趣的事实。一个例子是在斯堪的纳维亚半岛，挪威的民居至今还保留着在白桦树皮铺盖的屋顶上铺土并种植杂草的习惯。根据某发掘实例，古代的竖穴住宅也同样被草覆盖着。还有一个例子是中国的殷墟住宅遗迹。和日本一样，它也是在浅浅的竖穴上覆盖着木造的三角屋顶，发掘后确认屋顶是被土所包裹。参考中国考古学家复原殷墟住宅的例子，让土露在外面是很奇怪的。草只能在土中生长，且土也不会被雨水冲走，所以草理应种在土里。

日本在北海道的钏路市发掘出深坑，被屋顶覆盖，上面种着草。东北地区也发掘出屋顶铺着土的竖穴式住宅。

斯堪的纳维亚半岛、中国的殷墟、日本东北部与北海道，把这三个地区联系起来考虑，就是欧亚大陆北方冬天寒冷的地区，自古就有在竖穴住宅的屋顶上铺土、种草来抵御严寒的传统。再往北，人们就住在冰房子里了。因此，用在屋顶种草的方法来保暖是理所应当的。

很多人都知道在北方寒冬中，原始人想出将厚厚的枯草铺在竖穴式住宅上的御寒方法，可我们还应该进一步设想他们在冰冷的竖穴式建筑屋顶之上铺上枯草，再种上生气勃勃的草。

如果这么考虑，就能明白为什么日本芝栋的分布中没有多雪地区。正如大家所知，多雪地区在冬天时，屋子包括屋顶都被雪严严实实地覆盖着，因此，屋里反而没那么冷，雪代替草起到保暖的作用。这样就不难理解为什么在青森县靠近日本海一侧的津轻市没有芝栋，而靠近太平洋一侧的地方芝栋却有很多。

由此在日本北部出现的双层草顶的竖穴式住宅，后来扩展到日本南部，或许是由于气候变暖，加上更多防寒措施的出现，已经不需要在屋顶种草，就像春天山上的冰雪融化一样，花草逐渐从屋顶下方消失，最后只剩下屋顶还残留着一些。

"你知道吧，芝栋就是春天的富士山。"

就算上面说法都是对的，那么日本的竖穴式住宅被草严严地覆盖的现象持续了多久呢？这个问题真的很难回答。即便是竖穴式建筑全盛的绳文时代结束后，冬天寒冷的地区这种风格仍然保留了很长的时间，大概一直延续到飞鸟时代吧。

例如《日本书纪》中提到的，日本关东的虾夷人（阿依努人）"夏睡树屋，冬住穴"。这种说法是古日本的大和朝廷的使节团带着虾夷人去中国的时候，向中国介绍虾夷人时的说明。虽然也有人说这只是借用古代中国形容北方民族北狄的说法，并不是事实，不过北狄和虾夷北方环境相似，而且大和人也的确看到过虾夷人住在洞里，他们把虾夷人形容成"土蜘蛛"也是同样的道理。

但是，没有证据表明当时关东的居民真的住在洞里。住在横洞的时间要追溯到更早之前追赶猛犸的时代，竖穴式住宅虽然被称为竖着挖的洞，但是特别浅，实在不能说是洞。可是为什么在大和人的眼中，也许是在日本武尊的关东远征军的眼中，会把虾夷人的竖穴式住宅看作是洞呢？当时大和也有许多竖穴式住宅，普通人也居住在竖穴式建筑中，他们应该不会把和自己住所构造相同的竖穴式建筑贬低为"洞"。

虾夷人的竖穴式建筑屋顶和大和人的屋顶不一样，上面种着草，看上去好像是一部分地面鼓起来。从这样的住处出去打仗，被追赶的话再躲回来，勇猛敏捷的虾夷人几乎就像土蜘蛛一样。

这大概就是绳文时代的寒冷地区所谓竖穴式建筑的真面目。我认为迄今为止在各地遗迹进行的房屋复原，或者教科书上的绳文时代村庄图画，都有点过于美化。比草葺屋顶更早一些的草生屋顶，那才是日本列岛住宅的原型。

痛快地说完后，我稍微有些不安。在那样湿度接近100％的环境中居住，不影响健康吗？就算干燥的冬天尚可居住，到了高温多湿的夏天，家里会到处发霉。如果像《日本书纪》中说的"夏睡树屋"就不用担心了，而即使不移居到别的住处（用树枝和树干搭盖的简易窝棚作为暂住地等），除了可能影响健康，其他都没问题。为了保持屋内干燥，在竖穴式住宅中不能让火熄灭，所以夏天也让炉子里烧着火。掘晨雄也是因为将轻井泽的别墅建在潮湿的土地上，所以即使身患肺结核，到了夏天也从早晨就点燃暖炉的火，整日不息。

13　法国的芝栋住宅

本节继续讲关于芝栋的内容。

"大梁"这个词在建造房屋中的重要性，看"上梁仪式""栋梁"等术语就会明白。日本自古以来，就把在房屋顶部安装大梁作为建筑完成的标志。铺地板和房顶、刷墙都无关紧要，总之努力安装好大梁就相当于完成建筑，而重要人物就像安装好的大梁，被称为"栋梁"。

日本的建筑界从很久以前就有在重要的大梁上种草的习惯。比如，在茅草屋顶的大梁上种野草、鸢尾花、水菖蒲、百合、韭菜等当作装饰。到了端午节的时候，茅草屋顶上一排水菖蒲在蓝天下开着紫花，旁边挂着鲤鱼旗随风飘扬，景色很美。怀疑屋顶上怎么能种水菖蒲的读者，可以去水户黄门的别墅西山庄看看。不知至今以东北为中心的地区是否还有上百栋这样的房子，不过二战之前在日本各地铺茅草屋顶的民居中，这可是广泛流行的传统结构。

很久以前我就认为在茅草屋顶上种花的传统并非日本独有，我知道法国也有这样的建筑，曾经两次去实地探访过。我在家中的房顶上种了蒲公英（蒲公英之屋），让朋友家的屋顶上开满韭菜花（韭菜之屋），还有种上松树（一棵松之屋）或山茶。为什么我对现在仅存于欧亚大陆的芝栋心生爱慕呢？这样不可思议的景观怎能不令人心动？

之前我去了法国诺曼底地区一个名为"Marais Vernier"的村庄。起因是我在法国的民居照片集中看到一张这个村子里芝栋的照片。曾在我的研究室工作、当时正在巴黎留学的安田结子小姐是我在当地的导游。

我们坐火车由巴黎沿塞纳河畔到达还留有中世纪风貌的鲁昂，然后乘出租车继续向塞纳河下游平坦的田园地带行驶。然而却没有找到。中途换乘当地的出租车，好不容易到达目的地。从巴黎到这里，花了 4 个小时。

我们在村里的一家集酒馆、西餐厅、旅馆为一体的房屋前下了车，沿一条小道刚往前走，左手边就出现了茅草屋顶的小仓库，屋顶上种着绿色植物。看上去很寒碜，不过确实是芝栋。我一边快步向前走去，一边向道路的前方望去，看到了星星点点的芝栋屋顶，右面有一两间，左边也有两三间。我很高兴，这次没有白跑一趟。从我一路看到的情景来说，这个村子几乎所有的建筑物，住宅、仓库都是芝栋。

因为看了一张照片就来到这里，结果却大饱眼福。这是诺曼底地区芝栋保存最好的村子。村里的特产是苹果，从树枝上刚摘下来的苹果特别酸，大小、味道以及颜色都和红玉品种相近。比起食用，苹果更多的是用来酿酒，据说这里还是法国屈指可数的出产苹果酒的名村。正因为有这样丰富的资源并以此为傲，这个村子才能保持原来的风貌。

村中的芝栋种的都是莺尾花，也有在莺尾花旁边种卷绢的，不过不仔细看的话认不出来。与日本种莺尾花的芝栋比起来，如果只看屋顶，两者几乎没有区别。在欧亚大陆两端，遗留下这样奇妙构造的民居，就好像双胞胎。它们之间的"血缘关系"恐怕要追溯到人类追逐猛犸，板块漂移的久远、寒冷的时代。

在那之后，我去了巴黎的近郊，混在众多的游客当中参观了凡尔赛宫。凡尔赛宫是太阳王路易十四倾注全法国的财力兴建的世界第一的宫廷建筑，并拥有广阔的庭院，因此广为人知。众所周知的还有路易十六的王后玛丽·安托瓦内特在那里度过了奢侈无度的宫廷生活，结果被拉到巴黎广场的断头台上处决的故事。漫画《凡尔赛的玫瑰》同样广为人知。

要问"芝栋侦探"（即作者自己）去那样的地方干什么？因为我对那里有一个疑问。

我快步穿过宫殿，出了南侧的露台。露台前是规模宏大的法国花园，里面有花草、树木和水，不过我已经欣赏过了。之前来的时候，我曾一直走到后花园尽头，非常累，直线步行往返需要两个小时。

从露台往西走，进入森林，视野豁然开朗，看到了偏僻的乡村。河水流淌，河畔建有水车、小屋，眼前有池塘、田地和农家，带栅栏的是家畜圈，立着烟囱的是民居。所有房舍的墙壁都由石头堆砌而成，上面涂着泥，屋顶铺着草。

在森林中漫步，不知不觉走出了宫殿的范围。这被称为"埃莫"的小村子（路易十六为玛丽王后修建的瑞士农庄），才是玛丽·安托瓦内特在凡尔赛宫中最喜欢的地方。宫殿主体是由路易十四、路易十五和路易十六建造的，不过这个村子是出于玛丽的喜好建造的。

厌烦了宫廷中的礼仪和虚荣的日子，玛丽·安托瓦内特来到这个村子隐居，她乔装为村姑，做挤牛奶的工作。也有人说她没有挤过奶，但我可以肯定她挤过。大家要是假扮其他人就会知道，不由得要去体验那个身份。

写到这里大家应该知道我的疑问到底是什么了。村姑玛丽辛勤挤奶工作的家畜圈草铺屋顶上，或许是开着鸢尾花吧？

答案是"正确"。

虽然不能说埃莫村中所有的建筑都开着鸢尾花，不过有三四栋房屋上都开着鸢尾花。再加上似乎以前屋顶上种过花的房屋，基本上主要建筑都被芝栋所装饰。

我认为在我之前没有人会抱着这样的兴趣来访问凡尔赛宫，因此可以说这是我的一个发现吧。

在世界闻名的人当中，可以确定有两个人住在种鸢尾花的芝栋房屋里。他们分别是西山庄的水户黄门大人和凡尔赛宫的玛丽·安托瓦内特王后，两个人是"芝栋兄妹"。

写完"兄妹"忽然感到不安，万一玛丽·安托瓦内特是姐姐，而黄门大人是弟弟该怎么办？我查了人名百科辞典后放心了，黄门大人要比玛丽王后早出生 127 年。

第二篇：大跌眼镜！住宅建筑的技能

14 房子应该夏天住着凉爽

图中文字：很久以前的森林中的房子。

人们都认为日本四季分明。春天鲜花开，夏天海水浴，秋天赏红叶，冬天去滑雪。得益于此，日本人对自然的感觉很敏锐，还诞生了季节用语中不可缺少的五七五格调。反之，夏天的热和冬天的冷之间反差过于强烈。特别是夏天似乎很不好过，我研究室里两名分别来自印度尼西亚和菲律宾的留学生对我说，日本的夏天绝对是亚洲第一难熬。从前吉田兼好曾写道“房屋要满足夏天住着舒适凉爽的条件”是有充分理由的。

日本夏天的气候相当于热带，冬天相当于寒带，春秋季节勉强算是温带。

在冷暖温差大的地区居住的人们，会分别建造适合夏天和冬天居住的房子。例如，被列为世界文化遗产的土耳其萨夫兰博卢城。人们把冬天住的房子建在山间，以抵挡寒风；夏天住的房子建在高山上，是结构开放的木地板房，山上的阵阵凉风穿堂而过，很凉爽。也可以说这是随季节移居的游牧时代遗留下来的习惯。如果是这样，那这应该也曾经是居住欧亚大陆广阔地区中的人们的习惯，在追逐猛犸等大型猛兽的旧石器时代的人类也肯定将夏天和冬天住的地方分开建造。

与日本相邻的朝鲜半岛，其传统房屋分为适合冬天居住和适合夏天居住的两种。冬天的房屋狭窄、窗户小、墙壁刷得很厚、地板是火炕。如果日本人第一次居住这种屋子，隔着褥子后背都会感到很热，整夜都要来回翻身，直到天亮也难以入睡。夏天的房屋和土耳其一样，是宽广的木地板房屋。由于可以把南北两侧的门窗全部打开，因此就像在树荫下生活一样凉爽舒适。午饭后，可以舒服地躺下睡个午觉。

日本列岛没有这样将住宅分开使用的习惯。我小时候在旧茅草屋顶的民居中生活时，没有分开使用住宅的记忆，也没听过类似的事。兼好法师也只是提到夏天太热，冬天他大概是在忍受中度过的吧。听说明治天皇即使在隆冬时节使用的火盆也不超过 3 个。那时当然没有被炉，天皇也不适合用被炉。

人们普遍认为对于冬天的严寒，日本的房屋在建筑上没有采取应对措施，人们只是依靠被炉将就熬过寒冷的冬天。

虽然大体上可以这样认为，但是也有可能某个时代之前，人们是将夏天和冬天的房屋分开居住，直到那个时代这种传统才消失。最近出现了许多支持这种想法的证据。

例如日本北关东地区，发现了被火山喷发活埋的村落遗迹。观察从厚厚的火山灰下挖出的村中房屋，可以看出餐具和生活用品都放在房屋外面。人们不仅在野外烧火、做饭、吃饭，也有可能在野外睡觉。虽然也有竖穴式的房屋，可是里面没有生活的痕迹。可以认为在温暖的季节里，当时的人是在野外生活的。

竖穴式建筑起源于绳文时代，那时的人们应该在野外烧火。由于竖穴中有石头堆成的炉子，所以周围可能还有土器和石器，这是我这个外行人的想法。问过考古学家才知道，大部分器物都是从屋外面出土的。

如果经常去地方博物馆，可以看到还原的绳文人的生活。一家人围坐在炉火周围，地上放着土器、石器，柱子和房梁上挂着食物和各种工具。但是只要见过绳文遗迹后就知道并非如此，那只不过是反映现代家庭生活的情景罢了。实际上，洞穴只是寒冬和下大雨的时候睡觉的地方。至少不像现在的房屋那样，人一直都在里面住着。

绳文时代的人，特别是居住在冬天寒冷地方的人，也许他们夏天像鸟一样住在巢里，冬天又像熊一样住在洞里吧。虽说形容成鸟巢，但不是像麻雀或乌鸦的巢，而是类似鹳或虎头海雕的巢那样，在附近有很多大树分枝的较低位置架上圆木，铺上小树枝当作地板，然后用草轻轻铺在屋顶上遮蔽风雨。由于只是为了睡觉，所以没必要很宽阔。在树上生活很凉爽，也没有蚊子，还不用担心猛兽的袭击。就是对老人来说，夜里上厕所不方便。

冬天他们移居到竖穴式住宅里，而且也只是晚上睡觉的时候才回去。即使是冬季，他们白天也主要在外面生活。

考虑到竖穴式住宅在冬季夜晚才会使用，因此现在大部分的还原都是错误的。首先它的屋顶没有之后出现的草顶民居的屋顶那么倾斜，只要够坐着和躺着的高度就可以了。实际上它的倾斜角度要更小，这样不陡的屋顶上可以堆土、种草来起到防寒的作用。

如果倾斜角度平缓，可以铺土的屋顶如果存在的话，那么本书前面提到的芝栋——在茅草屋顶上种植花草这种遗留在日本和法国的奇妙风俗之谜就可以解开了。最开始在整个平缓的屋顶上种草，可是随着生活的充实，屋顶变得更加倾斜，于是只能在屋脊的地方种植花草，不久后建起墙壁，就变成现在的芝栋的样子了。

绳文人使用倾斜角度平缓的屋顶的可能性很高，虽然这样也可以还原绳文住宅，但是没有必要推广这种还原方式。因为，以批准还原经费的议员为代表的人们，都不喜欢像土蜘蛛一样的祖先形象。

可我还是忍不住要思考、想象。在树上居住就像汤姆·索亚的朋友哈克一样帅。在缓慢起伏、微微隆起的屋顶上到处生长着各种野草，这种绳文聚落的情景不是很符合生态学吗？

"夏睡树屋，冬住穴"这种古老的传统也许会成为 21 世纪最先进的居住方式。我相信在设计现代建筑的建筑师中，一定有人也有和我一样的想法。

15 用石灰房代替病态住宅

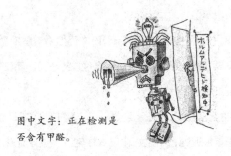

图中文字：正在检测是
否含有甲醛。

本节是"让人流泪的建筑学"。

从几年前到翻修现在的房子为止，我在拼装房中住了将近 20 年。一进入厨房就有刺鼻的气味，脸一靠近橱柜的门就开始流眼泪，这不是因为我对碗或盘子有特别的感情，纯粹因为只是泪腺受到了甲醛的刺激。

那个橱柜里外都是白色的三聚氰胺胶板结构，既不易弄脏，外观也漂亮。唯一的缺点就是气味太难闻。原本以为不久后应该会消散，我就没有理会，没想到最后到房子翻修的时候气味都还没有消失，20 年一直散发不出去。

由于经历过此事，从几年前建筑学的学者们开始谈论屋内被化学物质所污染的病态住宅时，我就想是指这个吧？之后，媒体开始大量报道这个概念，房地产商也开始以"健康住宅"为宣传口号。以此为契机，经济、金融等各界人士齐聚一堂，进行了讨论，经过一段时间以后，我一直关注的"真相"终于被揭晓了。

首先谈谈空气污染对人的威胁，这是很严重的事情。

例如，从建材中会释放出哪些有害物质呢？橱柜中使用的固定材料三聚氰胺胶板所散发的甲醛，从壁纸胶中散发的二甲苯、甲苯，墙底的三合板也会散发甲醛，等等。甚至有人说关西的混凝土材料飘散出放射性物质氡，以至于从关西坐车到京都车站，一到街上盖革计数器就开始响，因为作为碎石使用的风化花岗岩中含有大量氡。

如今(指的是本书的写作时间2001年)日本仍然对这些有害物质置之不理。而德国等国家对聚氯乙烯壁纸很敏感，已经不再生产了，而日本的家庭每年要贴8亿平方米的壁纸。

对于这种迟钝的反应，也难怪大家会产生"责任到底还是在政府"的不满。虽然政府的反应一直很迟钝，不过好在日本住宅的构造能让化学物质在室内不易残留。而且虽然为时已晚，日本也已经开始着手制定相关法规。

这个问题难以解决的一方面原因是，业主个人对化学物质的反应也存在显著差异。即使大部分业主可以忍受，也还是有少部分业主极易过敏。大家都走进一个房间，谁也没有异常感觉，唯独有一个人打喷嚏，身上发痒，就像测定有害物质的仪器一样。若是如此，就真的很麻烦，现代住宅中不可能保证完全没有化学物质，过敏的人就无处可去了。

暂且不谈有过敏症的人，对健康的人来说，有很多有效的室内空气污染预防对策。

首先，最简单的方法是通风换气。比如将橱柜或厨房组合的抽屉的小物品都拿出来，放放里面的味道，散发到屋内的化学物质通过窗户和换气扇排到室外。换气的方法也对室内的壁纸和木纹胶合板有效。氡也能通过换气排出室内，建议大家早上起床后就把窗户打开。

我不由得想到前些日子，建筑界特别是量产住宅一直在倡导高隔热和高密封，高隔热虽好，可是大家认为高密封不行，后来就不再提倡了。社会和建筑物都需要空隙。

最好的对策是使用不散发化学物质的建材，也就是天然原材料。例如木头、石头、纸、草、布。但即便是这些天然材料也会向空气中排出以酸为主的各种物质。不过人体通过进化已经习惯了这些物质，不会产生不良反应。也许几万年后，人体也会习惯化学物质，可是我们等不了那么久。

这里需要大家注意的是，木头并不完全都是自然状态的木头，胶合板或集成木材要使用黏合剂，而进口木材在还是圆木阶段时就要在生产地用强力杀虫剂熏蒸。关于这一点，日本本国产的木材不用担心，可要是对根基所用木材做防蚁处理的话……

这里用……并不是含糊了事。一是防蚁处理也有多种方法，二是城市中根本不可能有化学物质为零的房屋结构。对此我也只能表示困惑和无奈。即便最后的装修部分都用天然材料，连墙底也不用胶合板，花费很多成本和功夫，还是难以保证绝对安全。胶合板毒性的等级分为 F1、F2、F3，虽然价格稍高一些，也只有使用毒性相对较小的 F1 胶合板了。

一方面努力减少有害物质的排出，另一方面也需要对无法避免的有害物质采取对策。基本对策就是之前说的通风换气。

如果即使如此也已经来不及，那还有为病态房屋设计的"bake out"，直译过来就是"烧出"，即用高温强制清除房子中有害物质的方法。将房子的缝隙密封，保持 60 摄氏度左右的温度一周。这个大胆的方法仍然不能彻底解决问题，时间一长有害物质又会继续排出，甚至一旦排出后有害物质会转移到其他未被污染的材料上，总之，很难说这是一个好办法。

从建材中慢慢渗出的有害物质，只能慢慢地吸收，也就是在橱柜中放竹炭、木炭，长期吸附有害物质，原理和冰箱的除臭剂一样。

但是，对于整个房间木炭也不管用。那要用什么呢？我最近参考工厂处理烟雾排放中的有害物质的吸附技术，有了一些想法，不过并未经过科学的证实。

工厂最常用的是石灰，由于石灰是碱性物质，可以和氧化物反应并将其吸附。

在石灰中混合粉浆和麻刀、滑秸（混合石灰用的纤维），形成灰泥。以前的房子内外的土墙上都涂着灰泥，但是近年来，由于这种工作需要用水，在装修现场很麻烦，灰泥被化学涂料或壁纸、胶合板所取代，几乎看不到了。如果重新使用灰泥呢？因为它和土相似，减少粉浆所占比例，粗略地刷在墙上会出现许多小孔，应该能很好地吸收空气中的污染物，而且可以通过和氧化物反应消除其毒性。

几年前家里翻修的时候，我把卧室的墙壁和天花板都刷上灰泥。翻修完毕搬回来走进房间时，屋内空气清爽，感觉神清气爽，睡眠也变好了。在那之前，每逢季节交替我就感冒，后来终于告别感冒了。

如果不要求把墙刷得光滑，就连外行都能轻易刷好灰泥。去建材商店买用料也特别便宜。只要用石膏板（价格便宜且无害）铺墙底，谁都可以刷好。但是需要注意的是，市面上出售的灰泥中粉浆比例较高，要和普通石灰等量混合来减少粉浆比例，刷墙时才会出现许多小孔。

我要大力提倡，将病态房屋更换成石灰房。

16 推拉门和门分开的历史缘由

本节的主题是建筑物的出入口，称为屏障也好，盖子也好，总之是关于门户的。

"户"字有多重要，我们举例来看一下。房子的数量是以户为单位，按一户两户来计算。虽然也有按一栋两栋来表示的，不过两者之间有明显的差别。作为建筑的房屋按"栋"来计算，如果房屋是家庭生活的场所那就要用"户"。所以一家之主称为"户主"而不是"栋主"。户籍也是同样道理。

为什么门户会受到人们的重视呢？因为这是家和外面社会连接的唯一通道。

这条唯一的通道当然不能一直敞开着，因此要将门作为遮挡装置安装在入口。那么，问题来了。为什么日本使用推拉门，而除日本之外的欧美、中国等世界上的大部分国家都使用平开门呢？站在世界范围的角度来看问题，为什么只有在日本使用奇异的横向推拉门呢？

为了回答这个问题，我希望大家了解，日本也有普通的门，其他国家也有推拉门。也就是说，各国都有这两种形式的门。

日本的佛教禅宗的寺庙就用的是平开门。正殿入口处向左右两面旋转打开的门，称为"格子门"。古城的城门也是平开门的形式。例如历史剧中的情景，半夜使者急匆匆地前来，咚咚地敲打屋门。看门人揉着惺忪的睡眼从屋里出来，打开门闩，推开重重的门，把使者迎进来。如果这种情境下屋门不是平开门而是推拉门，就会显得很滑稽。

说是缺少命运轮回的厚重感也好，说是缺少气氛也好，总之推拉门在感觉上与平开门有落差。如果在《忠臣藏》中，流浪武士们发动袭击时，他们雪夜到了吉良邸前却发现竟是推拉门，那么大高源吾扛着沉重的大槌，被队伍落在后面上气不接下气地跑着的场景就显得很滑稽了。

鲜有人知欧洲也有推拉门，虽然并不作为房屋的出入口，不过会作为家里房间和房间之间的间隔。具体地说餐厅和起居室之间的间隔就是向两边拉开，一直拉到墙里面的结构。在日本一般不使用平开门，但是欧美人也不是对推拉门全然不知。

然而为什么欧美只有极少部分房屋使用推拉门，而日本却以推拉门为核心呢？

这个问题可以从日本在推拉门和平开门使用上的区别中得到答案。平开门只用在城门、宅邸等可能被敌人或流浪武士攻击的地方，很坚固，大高源吾即使用大槌敲打也无法破坏，主要作为防御装置。不用担心别人袭击的地方用推拉门就可以。普通人家出入口用推拉门，房间和外面相通的开口部分也用推拉门形式的拉窗、玻璃门或木板套窗。

日本人懂得适当的材料要用在适当的地方，才把平开门和推拉门分开使用。

其他国家在出入口、窗户、连接内外的开口部分都用平开门的形式，或者说必须这样做他们才能放心。中国古代各个不同民族之间经常发生战争。如果古代日本发生战争，参与战争的也只有武士，武士们即使战败，最后以领袖切腹自尽就算了事。对于商人和农民来说，无论哪边胜利也只是政府换人，跟自己没关系。但是不同民族之间的战争不是这样，以前如果战败的话，首领和百姓一起被奸灭，或被当成奴隶卖掉。

由于这样的事情反复发生，无奈之下，就连普通人家的开口部分也都换成了平开门的形式，以保护自家的安全。

推拉门和平开门相比，很难承受蓄意的攻击。与一边由金属牢牢固定的平开门相比，推拉门可以灵活移动，因为四周都有空隙，所以容易破坏。如果像木板套窗的话，不必破坏就能简单地拆下来。

平开门是可以抵挡攻击的装置，因此它的安装方式有世界共通的规则。但是日本的平开门例外。

日本的门，包括玄关的门、西式房间的门窗以及卫生间的门，无一例外都是向外开的。连接室内和室外出入口的门是向外开的，而室内的门是朝走廊开的。

如果向外国人和江户时代的门卫谈起向外开的门，想必他们会大吃一惊。他们可能会说"你把社会想得太和平了。"

现在除了日本之外，其他国家的门作为防御装置都是向内侧打开的。我看过很多国家的门，从来没见过向外打开的。

为什么门必须向内打开的呢？问问谷干城就知道答案了。谷将军在 1877 年的西南战争中，率领仅仅百人死守熊本城，抵挡西乡隆盛军队的攻击，坚持了大约 50 天，终于守住了城门。他们使用的方法是砍下城里的树，将树干朝上挡在门的内侧。由于是把树上下颠倒靠在门上，这种方法也叫"逆茂木"，作为自古以来的防御方法被人们熟知。总之就是将重物挡在向内开的门内侧。

这样一来，无论从外面怎么推或怎么敲，都不能轻易地破坏门。想从门缝撬开，可是没有缝隙，想破坏固定的金属，可朝内开的门外面连个拉手也没有。

日本现在的平开门是向外开的，因此可以从门缝插进铁棍把门撬开，还可以用锉刀把露在外面的门合页旋转部分切下来。

17　地板是日本建筑的生命

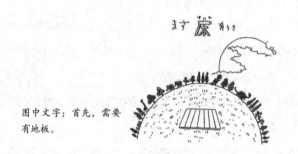

图中文字：首先，需要有地板。

20 多年前，我对自家住宅进行了扩建，每 3.3 平方米花费了 20 万日元。在当时，这算是一个无法想象的便宜价格。为了降低成本，扩建外侧墙壁用的是石棉瓦，而内侧墙壁用的是石膏板，有些类似工厂建筑，但是，唯独地板用的是橡树木材中的糙叶树。负责这次扩建设计的建筑师山本厚生先生说，成本越低越要重视地板的品质，这一句话让我醍醐灌顶。

"地板是日本建筑的生命"。

如果有读者聘请了没有认识到地板的重要性或重视其他部分的建筑师设计住宅的话，现在最好马上取消委托。

只要房间面积足够大，那么无论怎么布置也能居住，如果认为外观是最重要的，那就设计成像"Satyam"建筑（日本邪教奥姆真理教的建筑）那样的外观朴素、窗户很小，几乎与外部空气隔绝，卫生间很脏的建筑也没什么问题。

业主和住所都很重要，想要两者兼顾，房屋内要如何设计？具体来说就是，在室内墙壁和地板哪方面下功夫更好？回答当然是地板。不过我还是为对此有疑问的读者举出一个极端的例子。

门上有破洞但榻榻米漂亮整洁的房子和门很新但榻榻米破烂不堪的房子，大家选择哪一个呢？闭上眼睛就看不到门上的破洞了，但是即使闭眼，脚踩在破烂的榻榻米上也会不舒服，睡着也不安心。

其他的姑且不论，地板必须平整干净。实际上只有日本人有这样的想法。在欧美，人们对铺马赛克瓷砖或砖等刻意做成凹凸不平的地板并不介意，对于手碰不到的肮脏之处也不太在意。

日本人对地板的敏感当然源于脱鞋进屋后，坐着、躺着都是光脚。地板和身体直接接触，皮肤可以感觉到地板的光滑度、硬度、温度甚至湿度等情况。

如果出门穿鞋，那脱鞋进屋即便脚碰到地板也不会这么敏感吧。可是日本人很长时间都在光脚生活。我目前住在东京西郊的国分寺，从旁边农家的小柳先生那里得知，不用说二战前，就连二战后的十几年里，农村的小孩子都光着脚上学，在国分寺小学出入口还有专门洗脚的地方。

即使穿鞋，人们以前也是穿稻草鞋，大家穿上试试就知道，其实和光脚差不多。稻草缓和了地板凹凸，但是太过柔软，水汽会立刻把鞋浸透。而且实际穿上后最让人吃惊的是，和草履不一样，穿上稻草鞋后脚趾能直接接触到地面。

这样的鞋子和生活方式，使日本人的脚和手一样都是五指呈扇状打开，而且具有敏锐的触觉。小时候，我在放完水的池塘里捕捉鱼类、贝类时，用脚尖踩进泥塘，只凭借细微的触感就能分辨是贝类还是石块，是鲫鱼还是鲤鱼，是鳗鱼还是鲶鱼。我相信可以通过调查来证明，日本人的脚的识别能力比欧美人高，而在日本人中无疑要数相扑运动员的脚最灵敏，因为他们光脚擦着地走。

说起擦地走路的人，能剧和孟兰盆会舞的演员也是如此。日本人在受到抬高脚快速走的欧洲式步行影响之前，基本上是慢慢地擦地走。我曾经听说，这种擦地走路的传统在相扑和能剧演员中长盛不衰。日本人几千年来光脚在干湿、冷暖变化显著的日本列岛地面擦地行走，脚掌的感觉理应是世界上最敏感的。

可是，并不是仅凭身体的条件就能磨炼日本人对地板的感觉。

朝鲜半岛的地理条件与日本列岛相似，然而，似乎他们对地板并没有特殊感觉。日本人把地板看作特殊的事物，夸张地说就是神圣的地方。

相扑场地的地面和能剧舞台的地板都在周围做了划分。放眼欧亚大陆各地的相扑竞技，只有日本划分相扑的比赛场地。能剧舞台那范围很小的地板对演技的影响，在欧洲戏剧中难以想象。研究日本地板时，不能忘记那种要置身于周围事物之外的特性。

平整清洁，置身于周围事物之外，要是从建筑历史中追溯日本地板的这两个特征，要追溯到古代的神社。如广为人知的伊势神宫那样，古代的日本人在表现神圣物品、神圣场所的时候，用了独特的方法。

东正教、基督教和佛教等大多数宗教都是制作光芒四射的神像或佛像，并把它们放在宏伟的神殿或教堂中。可是日本却不建筑这些用于观瞻的建筑。那么用什么来代替呢？首先要在有神仙的山脚下立一根柱子让神仙来依附，这就是所谓的依代。但是仅仅这些还不足以衬托神圣物品，因此人们把周围的树砍掉、草割掉，平整土地，把从河滩运来的干净石子铺在周围的地上，而后为了防止野兽进入这片神圣的地域，还在四周围上栅栏。在我看来，没必要在附近建造类似基督教教堂那样威严的建筑。现在，伊势神宫中作为依代的柱子被上面的高架式正殿所覆盖，飞鸟时代由中国传来的壮观的佛教建筑让我叹为观止，也难怪当时的权贵豪族争相建造宅邸想要与之媲美。

即便没有墙壁和屋顶的神殿建筑，只在一根柱子及其周围划分出来的干净地面内，日本的先祖也能充分感受到神圣的氛围，而且日本人对清洁地面的崇敬心情和对地板的深刻感受是联系在一起的。

迄今为止，我看到的日本各地的地板中，印象最深的是在冈山藩乡的闲谷学校。那里的讲堂(1701年建成)是可以铺几百张榻榻米的木板屋，300多年来一直用抹布擦洗使地板发出暗光，光是坐下来就能感到让人精神振奋。

最后说一下日本独特的地板——榻榻米。虽然没有木地板让人精神振奋的作用，但是它也不可冒犯。证据就是在书院式建筑和茶室式住宅中，天花板和墙面(柱子、墙壁、推拉门等)都有很多种设计，而各种榻榻米地板却不曾改变。因此我们去参观古建筑时，只观赏墙壁和天花板的设计，对榻榻米毫不在意。虽然没人关注，并不代表它价格低廉，或者说正相反，一成不变的榻榻米才是最重要的。木板房间、柱子、推拉门、天花板都以榻榻米为标准，随之变化。从明治时期以后直至今日，许多建筑家都致力于日本的传统风格向现代化发展，并且取得了杰出的成果。可是就像商量好一样，榻榻米毫无变化。

尽管谁也不会说出来，但是日本所有的建筑师心里都明白，如果触碰榻榻米，那么将结束地板是神圣不可侵犯的时代。

18 数厘米厚的等级制度——榻榻米

本节将介绍榻榻米。

日语中的榻榻米的汉字是"畳"。从字面上看，似乎和田地有关。田地里长着稻子，秋天稻子成熟之后，把稻谷割下来脱粒，使用剩下的稻草做成榻榻米地板（衬垫或墙底）。在地板上铺上灯心草，榻榻米就出现了，不知道能不能说这就是"畳"中有"田"字的原因？

田→稻→稻草→地板→畳

这就和"大风刮来个聚宝盆"相近，上面这个推测难免会被指责为胡说八道。从榻榻米地板的方向来探求"畳"的词源，根本就是错的。一听到榻榻米，有人的脑中会浮现出稻草的地板吧。可现在，榻榻米里面加的是泡沫聚苯乙烯。一听到榻榻米，一般人会想到灯心草席面吧。

我总觉得，稻子、稻草在词源上不能和"畳"联系在一起。

那么为什么"畳"中有"田"字呢？如果与材料无关，那就从形态上联想。"田"字就像规则整齐的界线贯穿在土中。榻榻米在房间的地板表面也有规则整齐的界线，就像房间里的田地。

比起材料，还是应该着眼于形态，但是调查榻榻米的历史可以发现，在房间铺满榻榻米是很晚才发生的事情。榻榻米最初出现在日本住宅中的时候，只是孤零零的一张。并不是因为质量差或样子奇怪而被冷落，相反是因为代表高贵而孤独。就像公司高层的孤独，榻榻米的孤独是领导者的孤独。准确地说，是与领导者的孤独产生共鸣。

榻榻米最开始孤立地放在木板房间中上座之上，只有天皇才能坐。后来，皇后也坐在上面，之后皇太子、天皇的兄弟姐妹等地位高贵的人都坐在榻榻米上。

那么平民百姓坐在哪里呢？在古代日本，身份最低的人都不允许坐在木板房间里，只能坐在前院的地上。稍微有些身份的人允许坐在走廊上，身份再高一些的人可以进入木板房间坐。身份特别高的人不直接坐在房间的地板上，可以把圆草垫或稻草垫等由绳子编成的圆盘状坐垫铺在地板上坐下。只有身份最高的人才能坐在一张榻榻米上。

这个榻榻米式的等级排序的重点在哪里呢？并不是说等级低的人就要忍受粗糙的触感，也不是等级低的人就必须坐在冷的地方，重点是坐的高度。不管是否粗糙、寒冷，总之坐的位置越高，人的地位也越高。

地面→走廊→木板房间→圆草垫→榻榻米

地面和走廊的差距很大，而从走廊到榻榻米之间只有非常小的差距。按地位把这很小的差距分为四级，说日本人笨拙也好谨慎也好。

我没做过职员所以不知道职场的等级，但我从东海林祯雄的漫画里看到，公司里的茶杯也有等级。从上到下似乎分为带盖带茶托垫、不带盖带茶托垫和无盖无茶托垫。把茶盖看作头冠，茶托垫看作榻榻米的话，就可以看出古代笨拙的排位方式一直流传至今。

利用榻榻米仅仅数厘米的高度来排位，这样日本式的思想到什么时候为止呢？这种做法在平安时代宫殿建筑的阶段达到顶峰，之后就逐渐衰退了。在镰仓时代，木板房间周围都铺上了榻榻米。后来到室町时代，宫殿里全铺满了榻榻米，这样一来就没有高度差了。当然百姓的房子仍然没有榻榻米。不过在室町时代，在对地位高低敏感的上层人家中，榻榻米式的排位就消失了。不久，百姓家也有了榻榻米，到了江户时代，连简陋住房中也铺了榻榻米。

也可以说榻榻米式排位的消失是日本建筑的进步，不过还有一个例外。有一个地方直到最后都在坚持这个传统，那就是监狱。直到即将开展明治维新之前，监狱中榻榻米的厚度还是地位的象征。身份最高的老囚犯坐在好几层榻榻米上，其手下坐一层榻榻米，而新来的犯人和小人物没有榻榻米。

榻榻米在古代是王者座位的象征，但它并不是突然出现的。有一个较为合理的想法是，榻榻米在成为地位象征之前人们已经把它当作实用的东西使用了。

从古代天皇使用榻榻米的方法中可以看出它作为地位象征之前的实用阶段。除了接见访客之外，天皇睡觉时也使用榻榻米（铺两层），并且将遮挡物立在周围防止风吹进来，具体来说就是立起围屏（垂着布的隔扇），在周围砌上土墙，天皇在其中睡觉，就像在木板房间里露营一样。

普通人不睡觉时占半张榻榻米的面积，睡觉时也只占一张榻榻米的面积。不过在天皇这里是不睡觉时占一张，睡觉占两张。

这种说法由来已久，要深究不睡觉占半张和睡觉占一张哪一个更接近其产生的根源？我认为是睡觉占一张吧。

从稻草的特性来看，我觉得以上的想象是正确的。稻草具有比棉花优秀的保温能力。我小时候割完稻子，会钻进稻草堆里玩，即便到了晚秋，半裸着上身都不觉得冷。

到了弥生时代，人们开始种稻子，也就可以获得稻草了。大概从那时起，人们开始把稻草铺到被窝里。住在竖穴式住宅里的人在屋内铺满稻草，而住在高架住宅里的人只把睡觉的地方铺上稻草。但是只铺稻草会显得杂乱无章，所以又在上面盖上席子。也可能是先铺席子，然后把稻草塞进席子下面。

高架住宅中的稻草和覆盖物不久就进化为榻榻米了。

写到这儿本想结束这一节，可往前一看，本来是从探求"畳"字的词源开始写的，没有给出答案，却跑到其他话题上去了，那我就用一句话总结吧。

"畳"字的词源是从"叠"来的。在屋里铺满榻榻米之前，人们根据不同的时间和场合，会把榻榻米叠起来拿到不同地方去铺。所有的坐垫中，能叠起来的只有榻榻米。

19　穿鞋进门是个难题

前面介绍了榻榻米，本节谈论一下穿鞋进门的问题。

穿鞋进门是日本近代生活中直面的大难题。如果仅是在外面穿着鞋或草鞋完全没有问题，但是穿鞋进门，并且踩在榻榻米上，这就变成大问题了。虽然世界各国都这么做，可唯独在日本不被允许。

说到穿鞋进门，日本人最初受到这个问题困扰是在一百多年前的幕府末期，和美国围绕是否打开国门进行谈判的时期。不知为何，无论是过去还是现在，日本国内的习惯受到批判的时期都是在与美国进行谈判的时期。

美国军官佩里乘坐黑船舰队来到日本，在下田的寺庙里与幕府进行谈判。美国谈判团率领武装的士兵，通过戒备森严的城门，来到寺门前。他们一步也不停就直接上台阶来到式台前（译者注：式台为过去迎送客人出于礼节铺在房屋门口的地板），进屋踩到榻榻米上，穿鞋飞快地走过榻榻米走廊，进了客厅。

这是在日本注重礼节的寺门前，第一次有人穿鞋踩在地板上，鞋子踩在地板上的声音响彻寺院。这也是有人穿鞋踩在榻榻米，把土砂蹭到上面。欧美人在信长时代也曾坐船来过日本，可那时是要求他们脱了鞋进屋的。

俗话说"往脸上抹黑"，而日美交涉之初，是在榻榻米上"抹黑"。

为什么当时他们会那么疏忽呢？可以在草席上事先铺上垫子，或者请谈判团穿鞋套。为什么没有考虑到这些呢？我想负责的接待的日方成员各司其职吧。谈判小组、翻译小组等直接面对谈判团的小组，还有相当于公司总务小组，负责安排轿子、照顾马匹。与拒绝坐榻榻米的美国人谈判时，桌椅怎么摆放？聚餐时的食谱和座位的顺序，还有就座时是面对面坐还是并排而坐？如果是面对面，哪一方背对壁龛的柱子？饮料是葡萄酒还是日本酒？赠送客人什么礼物？一个接一个的难题让负责总务小组伤透了脑筋。有先例还可以参考，可是因为完全没有可以效仿的先例，总务人员每天都在烦恼中度过，精力都集中在安排座席顺序或菜谱等绝不允许出错的方面，已经无暇顾及其他。所谓当局者迷，谁会想到他们穿着鞋直接踩到榻榻米上。

下田谈判后，美国谈判团还在江户城（今东京）和将军见面。因为吸取了教训，有人事先铺了深红色的毛毡，既能防止地面弄脏，又维护了日本方面的体面。

在日本世代相传的直接在榻榻米上坐卧，和从欧美传入的使用椅、桌和床，在这两种完全相反的生活方式的第一回合对决中，以欧美方占优势而告终。具体地说，就是日本人做出妥协，在榻榻米上盖上深红色的毛毡，把它装扮成地毯，不知道如何摆放桌子，也勉强摆上，至于椅子，将寺庙里的中国式的椅子临时拿来凑合使用了。另外，关于鞋子的问题，欧美人不脱鞋直接进屋，而日本方面地位高的人穿草履，普通人光脚。

幕府末期，两种生活方式的第一回合对决之后，明治维新时期，文明开化时展开了第二回合对决。这一次不是在日本和欧美之间，而是在日本人之间，是榻榻米生活和西式穿鞋生活之间的斗争。

政府机关、公司等公共场所立刻向西式转变，摆放桌子、椅子，穿鞋在地板上行走成为固定形式，已经完全被欧美化了。

但是住宅不能完全欧美化，住宅中的情况各不相同。

首先，地位最高的明治天皇一家是什么样呢？天皇效仿幕府末期对外谈判时将军家的样子，开始在榻榻米上铺地毯、摆放桌椅、床，并且不脱鞋的生活。并不只是在美国谈判团进入江户城的那段时期，1888 年（明治 21 年）明治宫殿建成时，他们就特意在新建住宅的榻榻米上铺地毯。特意做这么烦琐的事，我想是因为铺上地毯的榻榻米有弹性，脚踩在上面感觉很舒服。但是我对这个理由并不确定。

从那以后，天皇就不坐榻榻米，也不把褥子铺在地板上睡觉了。二战后举办全民体育大会时，昭和天皇去各地视察，居住在历史悠久的日式旅馆，却把地毯和床带进房间内，穿着鞋进屋，让周围的人很吃惊。天皇自己却觉得没什么奇怪的。后来，东京的人们都按照这个方法布置屋子了。

其他皇族又是什么情况呢？为什么不像天皇家那样在榻榻米上铺地毯？可能是由于天皇家仍然保留传统意识，即使被地毯盖上看不见，也下意识地把榻榻米保留下来了。而其他皇族却毫不犹豫地改变为纯西式的生活。

岩崎家（是指三菱财团的创始人岩崎弥太郎）那样的富豪之家又是什么样子呢？首先，房屋分为和室和西式房屋。进入西式房屋中穿拖鞋，在和室中不穿鞋。只有在西式房屋中和外国人会面时才穿鞋，其他时候都是穿拖鞋，基本上不会穿外面的鞋子进屋。

最后是从明治中期到大正时代展开的第三回合对决。这一回合的主角不是皇族和富豪，而是普通人。确切来说是处于领导层级的普通市民。这一回合的结果决定着日本穿鞋问题的将来。公司的部门主管、科长和学校老师等，会选择天皇、皇族和富豪中的哪一类呢？

他们选择了富豪。

他们在日式传统中加入了西式要素（地毯、椅子、桌子、床），但是不会穿鞋进屋，而是穿拖鞋来代替。这样一来，日本近代的穿鞋进屋的问题得到解决。公司、写字楼、商店和政府机关中穿鞋，而住宅中虽然使用桌椅、床和地毯，但是不能穿鞋进屋。

在日本住宅的玄关前，写着"禁止穿鞋进门"。

有很多读者可能觉得日本在长时间内形成的独特习惯，在世界潮流中成了非主流的标准。我也是如此认为。

但是似乎这种想法是错误的。我最开始注意到这一点，是通过曾经在日本居住过的美国人。回美国后，他们当中有很多人也不再穿鞋进屋，而是换成拖鞋。问其理由，说是不想把家里弄脏，而且在屋里脱掉鞋子比较放松。

后来我又注意到中国建筑学者的调查报告，调查北京、上海等现代化大都市中的高档新建住宅的穿鞋问题，发现有 90% 以上的人都脱鞋进屋。理由是不想把地板弄脏。

美国和中国都在向"脱鞋进屋"转变。也许日本的这个习惯会成为 21 世纪住宅的世界标准吧。

20 现代走廊令人生厌

大学里的建筑系的老师在评价学生的设计，特别是评价关于住宅设计的课题时，会首先否决把走廊设计得很显眼的方案。

"能想办法把这个走廊去掉吗？又不是在复原二战前的住宅。这不是设计学校或监狱，用走廊来解决住宅的平面布置过于简单了。"在同学面前被批评的学生再也不设计走廊了。

就这样，现代的住宅设计，特别是著名建筑师的设计中，走廊被舍弃了。

本节就讲一讲走廊的光荣和悲惨。

在原始时期，人们开始建造住宅的时候还没有走廊。无论是欧洲旧石器时代的住宅遗迹，还是日本绳文时代、弥生时代和奈良时代的住宅遗迹，都是一居室住宅的形式，因为没有各个房间之分，也就没有连接房间与房间的走廊了。没有分开住宅空间这个"根源"，就不会产生连接各个住宅空间的走廊。

那么走廊是什么时候、在哪里产生的呢？走廊是和《源氏物语》一起，在平安时代兴建宫殿式建筑时产生的。

宫殿式建筑的屋内有一个空空如也的一居室。在开阔的空间里，竖立着围屏或简单的围墙等临时的遮挡物，人们在这个围起来的小空间中屈身生活。与其说它是一居室，不如说是在屋里铺木板的走廊中过露营生活。

虽然真正意义上的走廊不是在宫殿式建筑的时期产生的，但是当时出现了类似走廊、连接寝殿和寝殿之间的地方。所谓宫殿式建筑，就是几个寝殿围绕中庭（称为"坪"，也写作"壶"。所谓"桐壶"是指在种植桐树的中庭对面住着的女性）的前后左右排列，分别用于施行礼仪活动、父母居住等，虽然不明确用途，但是需要这样一条连接各房屋的道路，这条路称作"廊"或"渡殿"（即游廊）。参考"连接分开的住房的道路"这个定义，从名字上看，宫殿式建筑的"廊"正是走廊的起源。

到了镰仓、室町时代，宫殿式建筑向书院式建筑进化，在一个建筑物中出现了走廊。正如下面将要说的，在书院式建筑中首次出现了由天花板、榻榻米、推拉门和隔扇（和室用的门窗扇）所包围的房间，当然连接各房间的走廊也随之产生。虽然这么说，但是那并不是现在我们想象的用坚硬的木板铺出来的走廊，而是跟伸出到院子里的套廊差不多，就是由隔扇隔开、宽敞的房间之间昏暗狭长的空间。

尽管说由于书院式建筑的产生而出现了房间，但是那种房间正如大家所知，只是由推拉门和隔扇等薄纸隔离而成的，将隔扇和推拉门拉开后立刻就变回了一居室的样子。房间的构成很模糊，所以走廊的界定也难免模糊。人们有时穿过对着院子的走廊，有时拉开房间的隔扇穿过屋子里的走廊。

即使看过江户时代大名宅邸的平面图后，再去探寻里面的道路，也不知道哪里是房间哪里是走廊，因为道路路线杂乱无章。即使沿着看上去像是走廊的细长道路走，走到中间路却没了，到前面路又出现了。比如，按照江户城的平面图，将军外出归来时，怎样找到哪里是将军夫人的寝室呢？现代的建筑史学中，对关于平面图的使用方法等生活史的研究不足，因此我们无从得知。而且我们连孩子们应该是住在哪个房间，或者过去日本住宅平面布局的基本结构与情况都不知道，所以就更加无法判断哪里是作为走廊过道使用了。

至于有几十个房间的日本大型住宅，据我所知，历史最悠久的是1905年（明治38年）完工的岩崎久弥宅邸，这还是我问久弥先生的女儿才了解到的。对于在此之前的情况，我只能遗憾地表示自己一无所知。

日本建筑引入坚固的走廊（非纸质拉门）和西式建筑都是在明治时期。对于平民百姓而言，孩子们最初接触走廊是在学校，青年人是在军营，还有些特殊的人是在西式监狱。一条长长的走廊，房间在两旁一个接一个地排列着。

那么人们最初在住宅中使用坚固的走廊是什么时候呢？最早是在明治末期，而大部分城市居民是在昭和初期，当时出现了名为"正中走廊式"的住宅形式，在市民之间广泛流传。

即便现在，要是有些地方还遗留着二战前建造的住宅区，还能看到所谓的正中走廊式，所以很多读者都有印象。这类住宅外观上的特点是在日式木造建筑的正门旁边有个小洋房。走进去就会看到，里面铺着地毯，摆着桌子，天花板上悬挂着一盏漂亮的灯，固定的书架里摆着硬皮书，可以看出这里是作为高档的会客室来使用。接着往洋房旁铺着地板的昏暗的正中走廊里面走，南面是传统构造的客厅、起居室等，北面有佣人间、厨房、卫生间和浴室。走廊作为连接道路在中间，各个房间分开布置在南北两端，因此称为正中走廊式。中学的老师、公司的部长、政府机关的科长等人很喜欢这种住宅形式，正中走廊在这些人中非常受欢迎。

历史上这么评价正中走廊：

(1) 把起居室建在向阳的南面（之前南面是待客用的客厅）。

(2) 多亏有了正中走廊，我们在家里不用穿过其他房间就可以四处走动，保护了个人隐私。

(3) 这是普通住宅中首次引入了西式房间。

可是，引领二战后潮流的现代主义建筑师却讨厌正中走廊："让佣人住在北面太封建了。""光线照不到正中走廊里，走廊的光线昏暗。""只有会客厅是西式的，这样装模作样不太好吧。"

现代主义的建筑，否定了在仔细划分各个房间功能的基础上，再用走廊连接各处的方法，而是追求拆除各房间的墙，让使用空间更开放、更广阔的方法。为什么必须要把厨房和厕所分开呢？和客厅建在一起不好吗？把会客厅取消，空出来的地方大家可以聚在一起。家人做饭、吃饭、休息，要以一个大房间为核心吧。的确如此，这正是现代的、民主的家族本位。走廊是连接各房间的细长通路，作为过时思想的代表被迫退出了历史舞台。

从过去到现在，走廊既有过确定了房间形式的辉煌，也有因将房屋分成几个小屋的缺失而在二战后被舍弃的悲哀。

21   天花板存在的理由

为什么要有天花板呢？

我反复想这个问题也没想明白。屋顶是为了防雨，柱子是为了支撑屋顶，墙和推拉门是为了分隔房间，门、地板、榻榻米，无论哪个大家都知道它们具有什么作用。但是天花板，到底有什么作用呢？并没有明确的用途。就算没有似乎也可以。而事实上，在我家乡的茅草屋中，如果向地炉的上方看，可以看到粗壮的圆木房梁暴露在黝黑的房顶骨架之外，而有些房间，虽说是有托梁的天花板，但是那其实是支撑二楼地板的托梁和它上面铺的地板。虽然也有有天花板的客厅，但是露着房顶骨架或者用托梁天花板对生活都没有影响。天花板和房顶、地板、墙壁这些不同，即使没有也没问题。

然而它居然还有一个"天的井"这样貌似很了不起的名字。中国称作"天花板"，虽然和日本是相似的名字，但是不管是皇宫还是普通住宅都没有天花板的。

从什么时候开始有天花板的呢？

绳文人和弥生人不需要这种不自然的东西。伊势神宫的天照大神也不需要，到现在里面也没有。以飞鸟时代的法隆寺为先河，佛教建筑中第一次出现了天花板。它是和佛教一起从中国传到日本列岛上来的。

同样是神仙，为什么本土的神像不需要天花板，而佛却需要呢？我的推测是，那是因为本土神仙是没有肉眼可见的本体的，而佛祖却是以佛像的实体的样子出现的。

如果没有天花板会出现什么情况呢？我儿时的经验可以作为参考。头顶交错着大的房梁，那上面的灰尘越积越多。在房梁的上方有厚厚的一层茅草，很适合当床的样子，所以有很多虫子住在里面，会掉下虫子屎和脱掉的皮的壳。然后吃这些虫子的老鼠也跟着进来，在房梁和茅草的连接处挖洞造窝。对于老鼠来说，房梁就是路，它们会像狗一样在路边拉屎。接着，追着老鼠的蛇也会进来，钻进屋顶的洞里追老鼠。在日本的乡下，有蛇进到屋顶住着是一件非常吉利的事情，附近的住户，为了讨蛇的喜欢甚至会把酒盛到盘子里放在房梁上。

于是在屋顶上就形成了各种昆虫、老鼠、蛇这样的一个生态系统，而在这个生态系统中，蛇追着老鼠跑，将房梁上的灰尘和粪便向左右拨开蛇行前进，而老鼠则冲散灰尘和粪便四处逃窜。我所知道的已经是二战不久后的情况了，即使这样那时候房梁上都还是如此热闹，可想而知在以前那种更加天然、物种更丰富的时候，屋顶上的生态系统是更加复杂的。这丰富生态系统的排泄物和灰尘，有时还会加上蛇，会一起从屋顶上掉下来。

过去的人们，完全不会介意打扫一下就会干净的这种程度的脏。厕所、厨房也这样的，人们的生活状态真的非常糟糕。

但是，佛祖就头疼了。神仙是透明的所以没关系，但是犍陀罗（译者注：犍陀罗，印度西北边境的古地名、国名，位于欧亚大陆连接点，受古希腊雕塑艺术的影响，佛教艺术发达。）地区受到古希腊雕刻的影响，那里的佛祖是有实体的，排泄物掉在佛祖头上就糟糕了。佛祖的螺旋发（像旋涡一样的头发）中掉入老鼠屎的话……

　　我认为除了这种实际的用途之外，应该也还有美学上的理由。房顶上架着很多根粗壮的房梁，从下向上看到的房顶的样子太过粗陋，不适合做佛祖头上的装饰。用板子挡住的话可以让佛祖看起来更加美观。

　　起初，天花板就是为了佛祖，从功能上防止佛像被弄脏同时把屋顶上不雅观的骨架结构给隐藏起来而存在的。而另一方面，对普通人来说，既不在意骨架结构，也不在意从上面掉下来的东西，所以从奈良时代，到平安时代，再到镰仓时代，都没有人去镶天花板。不管是天皇还是贵族，虽然住在建造优美的宫殿中，但是也没有天花板。

　　在《源氏物语》等画卷中，有一种将房顶部分给拆掉然后从室内向斜上方瞭望的被称为"风吹屋台"的日本独特的绘画技法，实际上，就是把屋顶给掀掉，正因为没有天花板，所以才可以有和画卷中一样的风景。反过来说，可能正是因为平安时代的住宅没有天花板，所以才孕育出了这种视点的绘画手法。

　　那么，现在家家都有的天花板，是从什么时候，因为什么而在日本人的住宅中登场的呢？

　　这是日本住宅史上一个非常重要的课题。如果只是可有可无的天花板的话可能会被无视，但是天花板是和榻榻米、推拉门、隔扇、方柱绑定出现的。为什么我们会对和榻榻米、推拉门、隔扇、方柱等这些具有日本住宅特色的东西紧密相连的天花板置之不理的呢？

　　在室町时代，地板上到处立着圆柱子，在没有分隔物而只铺有一张榻榻米的珈蓝宫殿的建筑中出现了变化。首先，榻榻米不在只有上层人物才能坐，而是一张、两张、三张的铺设，面积不断扩大。与此同时，柱子和柱子之间加入了门框和门楣，挖出了沟槽将推拉门和隔扇立在上面。而插入推拉门和隔扇之后，发现镶入的两端和圆柱的接触的方法非常不稳定，所以就变成了方柱。在由推拉门或是隔扇隔开的地方铺上榻榻米，之后慢慢地全部铺满了榻榻米。

虽然不知道榻榻米和推拉门或隔扇哪一个更加重要，但是他们二者携手，日本建筑史上最初的房间诞生了。

写到这里，就可以预见以后了。房间诞生了，把空间封闭，虽然保持了舒适度和个人隐私，但是当向上看的时候还是空荡荡的不能让人静下心来，和榻榻米或推拉门这种纤细的感觉相反，粗糙的屋顶给人似乎要压下来的感觉。那么就用天花板隐藏起来吧。这样的话，就不会再有脏东西掉下来，冬天也不会那么冷了。

就这样，镶上天花板，由榻榻米和推拉门或隔扇和天花板将上下左右围起来的日本房间就完成了。然后，又在房间中铺上木板，就产生了书院式建筑。这是从宫殿式建筑到书院式建筑的进化。

天花板的作用是遮盖脏的屋顶和骨架，同时也为了美观，那么，现在的没有屋顶的公寓中又是为了隐藏什么呢？只要掀开天花板就可以看到了，现在的天花板里面有电线、空调的配线管道、电视线等。曾经是为了遮挡骨架，而现在是遮挡如同内脏和神经的配线管道等。

不论是古代还是现代，天花板都不是因为自身的重要性，而是为了隐藏其他东西而存在的。

天花板是房子的盖子。脏东西都在天花板里。

22　让光照范围更广泛

　　我永远无法忘记第一次用荧光灯的那天，那是约 40 年前我还在上中学的时候。在信州乡下的老家，从村里的电器商店买了一支荧光灯，按在了 8 张榻榻米大小的房间中的天花板上，拉一下灯绳房间中就充满了阳光，家人们欢呼雀跃互相击掌庆祝。

　　荧光灯灯光的质量要远高于那时候的草笠形头盔式电灯，会让人有种置身于大都市的感觉，这又是为什么呢？大概是因为，比起接近自然火光的那种红色的光，青白色的荧光看起来更加科学更加先进。这就是原子、铀和钴这"危险三兄弟"可以平静地在村中飞来飞去的时代。

　　光亮的程度也不是以前能相提并论的，地板、墙壁、天花板，这些地方曾经有阴影的地方，青白色的灯光像是毛巾一样将这些地方擦干净了。特别是天花板变得明亮了，才惊讶地发现杉木板上有一层黑色的苍蝇的粪便。以前因为天花板是一片阴暗，所以都没有好好地正面看过。

　　在二战之后的家庭电气化的运动中，对建筑影响最大的，一定是荧光灯的引入。从那之后，天花板中心位置的荧光灯，从一支到两支，从两支到四支，有时也会把直管扩展成圆环灯，日本的住宅开始被白色的灯光充满。如果细心一些的话，可以发现日本的室内光的环境和欧美是完全不同的。

欧美的话，首先是不会在住宅中使用荧光灯，也不会像日本这样将光源挂在天花板上对房间直接照射（大空间除外），而是使用间接照明，或者即使是直接照明也是挂在墙上的，在必要的地方再安装台灯或是吊灯。

不使用荧光灯，天花板的中心也没有光源，所以房间的光线一定会变暗，但是欧美人却认为这就是家庭中所需要的光线的样子。所以，欧美人来到日本人的家里，会因为太亮了而不安。我们到欧美人的家中或是餐厅的话，就会觉得阴郁。如果用荧光灯一照的话，那么一定能看到天花板上的一层黑色的苍蝇粪……一想到这个我就会觉得食物有点儿变味儿。

虽然不是要比出高下来，但是为什么日本人的家里，要每个角落都这么明亮才行呢？从技术上来讲，是因为使用了荧光灯，并且还把它挂在了天花板的中心，但是日本人为什么喜欢这种方式呢，这是有着很深的心理原因和历史背景的。

首先，希望大家先回想出在白炽灯、荧光灯引入之前日本建筑中的光线的强弱。昏暗，真的是非常昏暗。我到小学二年级为止，都住在江户时期建造的茅草顶的房屋中，从学校回来，迈入家门之后，首先要先站一会儿，让眼睛适应黑暗之后再进去。

要说为什么会这么暗呢？首先是因为屋檐的构造。为了防雨，所以屋檐伸出去很长一段，而这部分的光就无法进来了。其次是室内装饰的原因。天花板和地板这两者之中，天花板比较黑。杉树木板在使用数年之后，表面会浮有黑霉斑，还会有苍蝇的粪，而更糟糕的是地炉的烟，虽然地炉上有通风口，但是屋子里还是会有散不出去的烟在有天花板的房间中弥漫。如果到以前的房子中去的话，就会发现木制的部分都发黑，天花板也不例外。光照在天花板上再反射回来，这种事情是不可能的。

　　而另一方面，地板反光的情况又如何呢？地板上是榻榻米，斜看就可以发现榻榻米的反光能力是很强的。由于时不时地需要更换草席，所以不会有榻榻米陈旧发黑的情况。室外的光线从长长的屋檐下穿过，照在房间中的榻榻米上，然后光照就到此为止了。太阳落山之后情况也不会有什么改观。方形纸罩座灯发出朦胧的光，也只是照在榻榻米上就不再有下文。

　　日本的住宅，由于长长的屋檐的遮挡本来光亮就少，再加上天花板暗，地板明亮，形成了明暗对立的状态。

　　不仅是住宅，就算是寺庙这样的大型建筑也一样。在正殿上有佛像，上面是高高的天花板，但是光不是从上面射入的，而是从房檐的水平方向射入，然后照射在榻榻米上，之后再从下面反射上来照在佛像上。

　　一般的日本寺院不会对光做处理，但是据我所知有两个例外。兵库县的净土寺的净土堂，堂内耸立的直达天花板的佛像背后的墙上开了洞，从水池中反射出的光线可以从背后射入。另一个是西本愿寺的飞云阁，比一层大厅高一阶的房间的后面，一般情况下会在墙上画山水画，但是这里却镶了拉窗。在高贵的人所坐的高一层的地方的后面安装拉窗，这是一个特例，到现在为什么要这样也还是一个谜，但是如果你能注意到飞云阁和净土堂都是面向正西方向，并且背后都有水池的话，这个谜题就可以解开了。净土堂是为了让西面的光照射进来，以此来表现西方极乐世界。而飞云阁的话，所照射的不是佛像的位置，而是被尊为活佛的本愿寺的主持的位置。

　　即使是这两处对光进行了特殊处理的佛教设施，光也不是从上面，而是从水池中反射斜射进来的。只要光不是从上面照射下来的，就很难把房间中的黑暗给驱散。最多也就是可以把佛像或华盖照得金光闪闪，用较少的光让空间看起来稍微亮一些。

　　相比之下，在欧洲，阳光就是从建筑物的上面直接射入的。住宅要么就是没有屋檐，要么就是屋檐很短，所以光线可以从高处的窗户直接斜着射入房间。宗教建筑的话就更直接了，从正上方，或者是很接近正上方的斜着的位置射入光线。罗马的万神殿，是在半圆形屋顶上开了一个洞，光线一下就射进来了。有时雨也会进来。哥特式的教堂也是安装五彩玻璃，使射入的光变得五彩斑斓。

在欧美的宗教中，教堂的天花板象征着神支配的天界，所以从上而下照射的光影效果是必不可少的。同时光也是神的威望的象征。

在日本光同样也被认为是佛祖的威严的象征，从佛祖手掌中发出的光是引导人通往极乐世界的光，但是实际上又是怎样表现的呢？那就是在快要离世的人的旁边放一座有佛祖像的屏风，然后从佛祖手中引出一条线来让即将离世的人握住。这应该说是确有其事呢，还是应该说是安慰死者呢？我将来如果也到了气力用尽的时候，也用这种方式离开吧。

幕府末期明治初期，日本人进入西式建筑的时候，都惊讶于其中的亮度。不只是地板，连天花板也被照得很明亮。然后，就掀起了反对之前那种昏暗的风潮。光源要放得更高，要每一处都可以照得到。最后就变成了在天花板的中心位置安装照明装置的习惯（欧洲也有类似的例子），逐渐发展到了现在荧光灯全盛的时代。

虽然有过这种反对昏暗的风潮，但是我觉得现在这种照明方式很好。不但有能发出红光的荧光灯，而且这种可以将各处都照亮的荧光灯，正好符合日本人喜好清洁的性格。

我想说的问题是，房间被照亮之后房间中所用的材料的问题，希望能立刻停止使用乙烯基壁纸、木纹胶合板。在昏暗的房间中这种便宜货还能蒙混过关，但是房间一亮就不行了。既有深度又清洁，和明亮的房间最配的材料，果然还是要用灰泥。

23　窗户是建筑的眼睛

读者朋友中，除了做设计的人之外，可能没有人考虑过窗户的问题。

我也是这样的，在进入建筑专业之后，看到"就窗户来进行论述"这样的问题时，我记得我自己也很困惑。知道窗户是通风口，当然也可以用来采光。可以从屋内看外面的风景，或者是从外面看到屋内。但是，让你论述一下窗户的话，到底要论述什么呢？

过了近30年，随着我自身阅历的增长，现在终于对窗户有了新的考量。例如，"窗户映出人站立的姿态"。现在的我也可以用这种略显故弄玄虚的句子开始论述了。

在房间中长时间写稿，或是开会的时候，如果起身站在窗户旁边向外眺望一下的话，心情就会平静下来。应该是因为看到了窗外美丽的景色吧。但是如果是这样的话，那么就应该只会有解放感，而不会有平静的感觉。为什么当我们站在窗边的时候，会有一种全身都沉浸在平静中的感觉呢？

其中一个原因是窗户装饰框。无论多差的画，当被装在相框中的时候，就会看起来很上档次，当你自己站在窗户这个框中的时候，就会感觉好像自己也装上了框一样，说是适得其所也好，说是在没有依靠的空间中找到了立足点也罢，这样就让人从内心深处产生了平静的感觉。这个"从内心深处"的感觉，是研究窗户的一个要点。

当你站在窗边的时候，有没有一点自己变得伟大了的感觉呢？在美国电影中有关于总统办公室的场景，一般都不是立刻就让总统入镜，而是首先从逆光的远景中看到总统在窗边的身影。如果有一天你成为经理，当有客人来访的时候，即便会议室桌子的桌面是意大利大理石做的，沙发是摩洛哥皮革做的，但是你坐在沙发上接客也是绝对不行的。这是下下策。你也可以坐在红木大桌子前的有扶手和靠背的老板椅上，等客人到了之后再慢慢站起来。但是这也只能算是上策中的下策，那么上策中的上策要怎么办呢？我想聪明的读者应该已经明白了，既不是坐在沙发上也不是坐在老板椅上，而是应该站在窗边，眺望远方。当听到秘书说"老板，客人到了。"的时候，再转身说一声"嗯。"这样就可以了。

坐在沙发上的话缺少紧张感，而坐在老板椅上的话则会给人缺少思考的感觉。只有站在窗边的时候，才会给人在思索公司的未来的深谋远虑，以及在冷静分析现状的智慧，还有经历了商界战场洗练的勇气，以及功成名就的冷静，再加之作为领导者的孤独感，还有默默承受这份孤独的坚强，不得不选择放弃的那份哀愁，这悲欢离合匆匆的几十年。总之，只要是人类好的一面，站在窗前都能体现出来。

虽然可以体现出好的一面，但是窗户的含义其实更加深刻。也可以表现出坏的一面，比如把站在窗边的经理换成黑手党的头目的话，那就变成了篡夺公司的阴谋，以及分析对手弱点的心计……无论善恶，总之可以引出人类内心深处的感觉的就是窗户了。

当然，不说话，也没有什么复杂的表情，就那样站在窗边的话那么窗户也就没有了这种力量，站在窗边的人要有所想，而看着站在窗边的人也有适当的心情，这样窗户才能起到作用。

可以说建筑物各部分中，窗户的这种能力是很少见的。日式建筑的壁龛柱和西式建筑的壁炉的作用就比较单一，只能显示出坐在它们前面的人的权威。地板可以强调人心中的平静，但是却无法表现出深谋远虑。天花板能表现出崇高感，但是很难表现出悲哀感。

把窗户捧这么高到底好不好呢，写着写着我也忍不住这样想了。也可能是我想多了，但是却停不下笔，再写几页吧。

当你在旅行中偶然进入了一个西式建筑，进入毫无人气的房间中，再想一想当自己站在窗边时的那种包围在周身的独特的氛围，还是会觉得窗户是个特别的存在。

古人不是也说过吗，"眼睛是心灵的窗口。"我想说的是，"窗户是建筑的眼睛。"因为眼睛是心灵的窗户，所以也可以说"窗户是建筑物的心灵的窗户。"这样说可能有点儿复杂了，来换个话题吧。

到底为什么窗户会被赋予这种力量的呢？我认为应该是因为从很久之前的内心的遗传基因而来的。很久以前，具体来说就是旧石器时代，人类还住在洞穴中追捕猛犸象的时候。洞穴只有一个洞口，既作为进出口又兼具采光的作用。人坐在洞穴深处，发生什么的话就隔着篝火望向洞口。

旧石器时代大约持续了 200 万年，人类在这 200 万年间不断地盯着洞口看着。特别是孩子们。

为什么要看着洞口呢？那是因为从那里可以看到外面的世界。作为出入口会有身影出现。可能是手持肥兔子的爸爸回来了，也可能是取水的妈妈回来了，也可能是没有捕获猎物的其他的猎人的入侵，还可能是肚子饿了的熊和老虎向洞中窥探。带着期盼和恐怖的复杂心理凝视着逆光的入口处出现的身影。入口的洞，对孩子们来说，就是这些场景的放映处。

后来，到了青年时期，和父亲一起出去狩猎的那一天，站在出入口，感受着身后的至今为止一直保护自己的昏暗的洞穴，眺望眼前的明亮的原野，紧张得发抖。在洞口的这个透明的幕布上，青年第一次从观看者变成了表演者。

再后来，成为父亲，出去打猎数日之后，捕获猎物，回到妻子和孩子待着的洞穴，在入口处，为了让眼睛适应里面的黑暗而略停留一下，确认情况之后再进去。

不论是从外面回到里面，还是在里面迎接，在洞穴入口，一直都有一张看不到的透明幕布在，而幕布之上必定会映出人的身影。而这个身影，一定是带着期待和紧张感身子挺直的姿态，不会是驼背或是松懈的姿态。

旧石器时代结束，进入新石器时代之后，人类走出洞穴开始建造竖坑式住宅，比之前更加先进，入口只有一个洞口的时代结束了，出入口和采光也分开了，采光的东西开始被称作是窗户，虽然不会从窗户出入，但是人们却并没有丢失映在透明幕布上的记忆。不如说，由于和出入口分开了，更加使幕布的作用单纯化，内化，被装入了遗传基因中。

即使是现在，当人们站在窗前，在记忆的深处还是会浮现出洞穴入口处的幕布上所映出的挺直的身影。

有的读者可能会想，怎么可能啊，那么我希望你可以回想一下自己站在窗前时的样子。因为你也会不自觉地挺直腰板。

24 厨房：不锈钢水槽占据了客厅的空间

图中文字：
上：厨房
左中：挂轴
左下：壁龛的柱子
右下：客厅的榻榻米

我到目前为止只设计过三所住宅，但是关于厨房的部分都是交给合作伙伴去做的，自己从来没有接触过。理由是对于厨房，我自己没有什么好的主意，也没有什么新的想法。而且，在女性杂志中净是介绍厨房和收纳的内容，而去住宅展览会的时候厨房的部分也是花费最高的，我是很反感这种“住宅＝厨房”的社会趋势的。

回想起来的话，在二战之前，厨房在住宅中的地位都还是不起眼的。茅草房中是不会有单独的房间作为厨房的，只是在土房中的一个角落放上灶台和木制的水池。即使在城市也没什么很大的差别，木板的房间角落放着瓦斯炉，旁边是很小的水池，用石灰固定并且将表面打磨，专业术语叫作“人工打亮”，因为有这种“人工打亮”的池子，主妇就可以跪在前面，然后把案板架在水池上切菜。

厨房不仅地位低，而且还脏。在水池的侧面会粘着鱼的内脏和鱼鳞，底部因为磨损而很粗糙，排水口周围无一例外都会漏水。到二战之后的经济高速增长期为止，每个家庭中，美丽的主妇们都是在又暗又脏又潮湿的厨房弯着腰做饭的。

和厨房形成鲜明对比的是客厅。位于南面的上房，面对庭院拥有最好的地理位置，在这里会招待重要的客人，正月的时候一家之主会背对壁龛柱和挂轴而坐，接受家人和下属的新年问候。有资格背对壁龛柱的只有年长的男性。

男性坐在阳光充足的客厅和女性使用背阴处的厨房。这种构造是日本住宅的传统构造。在日本住宅刚开始的时候，比如在竖穴式的绳文住宅或是高架式的弥生住宅中是没有这种现象的，但是之后，随着房屋的扩大，开始细分出很多个房间，然后确立出了客厅最高、厨房最低的排位。而推动这种排位的因素，不用说大家也知道，是儒教。

这就是"日本住宅的封建制"。

这话不是我说的，而是日本二战战败不久后，日本最早的女性建筑师滨口美穗以此为题发行的一本书中写到的。同一时期，她的丈夫，作为日本最初的建筑评论家的滨口隆一也出版了《人文主义的建筑》一书，应该说是夫唱妇随呢，还是妇唱夫随呢？总之这两人的主张象征了二战后日本的民主主义。

美穗女士不只是说说而已。

第二次世界大战之后政府为了消除住房难的问题，设立了日本住宅公团（现在的城市基础建设公团），用钢筋混凝土建造住宅，那时，公团对住宅区中的住宅的平面图提出了新的设想。二战之前的住宅，不论是吃饭，家人聚会还是睡觉都在一个地方，早上起来之后就把被子收起来，然后放上矮桌吃饭，而且还是聚会的地方。这样是不行的，至少要把吃饭的地方独立出来，这样即使有人睡觉其他人也还是可以吃饭。正确的来说这是建筑学者西山夘三、吉武泰水、铃木成文这三个人是这么考虑的，然后公团采用了这种想法。

确实如此，人类住宅生活中最基本的就是吃饭和睡觉，将这两者进行的地方分开这种想法是正确的。但是，吃饭的地方就占用一个房间的话，整体的面积有些不够，所以就和厨房合在了一起。这是在狭小的日本住宅中，为了更有效地利用面积的权宜之计，这样的厨房被公团称之为"Dining + Kitchen"。当然，这是日式英语，在欧美也没有这种样式的房间构思。

做完饭之后就在那里吃饭，就不能像以前一样用池子和矮桌了。那样的话，就会变得像以前一样又暗又脏又潮了。即使是在战败痕迹还没有消退的贫穷时代，不是正因如此，才更应该打造出与男女平等相符的"Dining + Kitchen"吗？只要能实现立式的洗碗池和料理台还有吃饭的桌子就可以了。问题是洗碗台即使是用站立式的，如果还是原来的那种打磨式的话，还会像以前那样脏乱，必须要做成欧美的那种不锈钢水槽。

但是说起来还是太心急了，不管怎么说公团里的技术人员都是在封建制住宅中长大的男性。突然看到光线充足的厨房，也不禁惊得目瞪口呆，于是不知如何是好的公团科长本城合彦，深夜拼命骑自行车向青山的滨口夫妇家去。还好滨口夫妇在家。虽然这是差不多 10 年前的事情，但是我是从当事人那里听到的，所以不会错。

听过事情原委的美穗女士，立刻就理解到了事情的重要性。因为她可是在书中号召取消客厅来充实厨房、餐厅和卧室面积的人。她可是断言"日本的传统厨房就像是阻碍建筑发展的敌人一样"的人。对女性而言占有重要位置的水池，怎么能比男人在客厅中用的壁龛差呢？我们要做出不比黑檀木壁龛差的闪闪发亮的不锈钢水槽，比山水挂轴还要漂亮闪亮的三脚架。

美穗女士已经开始和专门生产不锈钢水槽的柴崎先生一起开发了。最重要的就是水槽的成形（冲压）。柴崎先生将不锈钢焊接起来做成水槽，但是使用不久后就会有裂痕，既不干净又不美观。之后又冲压了一整张钢板，做了一体水槽的实验，但是四个角承受不住还是会有裂痕，实在是困难重重。所以柴崎先生最后已经把拔刺地藏的神符贴在四个角上，一边祈祷一边开动机器做水槽。

然后，终于做出了不会裂的水槽，并且挨家挨户安装。业主入住后，在公团对主妇进行的调查问卷中，在钢筋混凝土构造、天然气、圆筒状锁、合并的厨房餐厅、桌子这些公团住宅的各种新生事物中，光亮的不锈钢水槽获得了压倒性的人气。美穗女士的主张和实践获得了回报。

柴崎先生的辛苦也得到了回报，他创建了日本第一个生产不锈钢水槽的公司——三维浦（Sunwave）。

在此后的 40 多年中，厨房越来越充实。以不锈钢水槽为突破口，整体厨房、微波炉和洗碗机，再加上机械化带来的改革，现在厨房已经成为家里设备最多，花钱最多的地方。而另一方面，客厅在某些家庭中所占的面积却缩小了。

从男性的客厅转向女性的厨房。这应该是二战之后住宅方面最大的改变，也许可以说是有史以来最大的改变。

我作为建筑史学家可以坦率地承认这个事实，但是作为日本男人偶尔还是会觉得有些许失落。我认为客厅、壁龛、壁龛柱等对日常生活影响不大的物品，是给予家庭精神性的存在。

另外，后来柴崎先生由于和横井英树联手想要侵占白木屋被革职，再后来不知道怎么样了。

25   兼充餐厅的厨房不为人知的过去

图中文字：1LDK 系统

当看公寓出售的广告的时候，会看到写着"2DK""3DK"，还会有"2LDK"。在 30 年前开始学建筑的时候，就已经有这些了，在农村长大的我那时候完全不知道这是什么意思。然后，就去问朋友，才知道开头的数字指的是单间的个数，后面的字母 DK 是"Dining Kitchen"的缩写，而 LDK 是"Living Dining Kitchen"的缩写。但是，"Dining Kitchen"指的不是餐厅和厨房，而是兼具餐厅和厨房功能的一体化的房间，如果这个房间再兼具起居的功能的话，就成了"Living Dining Kitchen"。总之，就是一个房间里做饭、吃饭和休息。

大家不懂也是理所当然的，这个奇妙的日式英语是二战后东京的住宅区中首次出现，之后一下子在全日本传播开来。

"团地"这个词的来历也不是很清楚。我们知道这个词指的是，1926 年为了消除战后城市绝对的住宅不足问题而创设的日本住宅公团所建造的住宅地，但是什么时候谁提出的，这些都不清楚。我问在公团创设时做设计科科长的本城合彦先生，他说这个词似乎是住宅公团的前身，住宅营团出身的公团技术人员们从二战前就开始使用的"集团住宅地"的简称。

来源好像是这个样子，但是可是苦了后来把"团地妻"编入词典的人，因此我也查了一番，在 1939 年，日本建筑学会召开了名为"面向劳动者的集团住宅地计划"的建筑设计竞赛。从内容来看都是经营财团所关心的，审查员也都是经营财团的技师，所以也可以说是经营财团发起的吧。然后 1955 年，技术人员组编入了公团，3 年之后，也就是 1958 年，在出售房子的宣传册上开始出现这个词。

我认为这个原来应该只是业内人士内部的用语。建筑界中，日本住宅公团为了和战前的住宅营团相区别，所以用了公团，而公团内部，也觉得"集团住宅地"这五个字太麻烦了，所以去掉了集团的团和住宅地的地，简称为"团地"两个字。

本来完全是内部用语，在公团开始供给住宅的前两年都没有对外公开过，为什么会在第三年公开这个用语，理由还不明了，可能只是制作宣传册的人随便一用而已。不论是现在还是以前，从事宣传报道方面工作的人都喜欢新词和省略语。

忘记说了，"Dining Kitchen"这个词就是设计科科长本城合彦先生创造的。

由于团地提出了"兼具餐厅和厨房"的这个概念，所以之前地位较低的厨房得以在战后住宅中获得重视，取代了战前以男人为中心的带壁龛柱的客厅的地位的问题，这个在前一节中已经提到过了。

但是，在上一节中没有具体说为什么公团会推出餐厅和厨房一体化的提案，在这一节，我想具体说一下。

首先希望大家知道的是，DK 这种形式，在二战前的日本是没有的，世界上的其他国家到现在也没有。烹饪台和餐桌之间既没有分割的墙也没有餐具架子，在完全一体化的空间中，一边吃饭还能一边看到烹饪台这种设计，在二战前的日本以及现在的欧美的家庭中都是不存在的。在以前，决定在离厨房多远的地方建餐厅，考验的是一个建筑师的水平，日本传统的住宅也是这样的。即使是强调以主妇为中心重视家庭生活的美国的木制小型住宅，虽然不会把主妇的领地厨房放在不起眼的地方，但是也会设计在一个从餐桌看不到的地方。做饭的地方和吃饭的地方不在一起，这是一个合格家庭的标准。

但是，想一想的话，为什么会有这样的标准呢？本来人类就是在食物煮过烧过之后才开始吃的。即使是现在，我也会去妻子做饭的地方吃东西。

是啊，就是这个样子的。但是每当我过去，抓点什么吃的时候，妻子都会斥责我"别这么没素质啊。"晚上去厨房的锅里用筷子夹东西吃的时候，被发现的话就会被说，"先盛到盘子里再吃啊。"不但嘴上这么说，眼神也好像在说，"这么野蛮呢。"

那么到底为什么二战后实行民主主义国家政策的供应住宅的组织——住宅公团会率先提出这种兼充餐厅的厨房呢？

把吃饭的地方和做饭的地方放在一起这个思考方式，是基于一个非常有名的理论，那就是"寝食分离论"。

这个理论是建筑学者西山夘三所提出的。西山先生在 1935 年的时候，作为京都大学的研究生，对小规模住宅的改良有着很大的热情。本着科学证实的目的，西山先生进入大阪的商业手工业者居住的小巷，收集简陋房间的布局，调查了实际的居住情况。差不多 10 年前我去拜访晚年的西山先生的时候，他说道，"环绕街道，观察居民的表情时间很快乐的事情。你现在做的也是类似的事情吧。"虽然观察路人的表情确实有些不好意思，但是，在这样的住宅观察中年轻的西山先生发现了一个现象。

即使在非常窄小的家中，人们也在想方设法地把睡觉的地方和吃饭的地方分开。这颠覆了之前的再狭窄的家中也会把被褥收拾起来然后搬出矮桌吃饭（吃饭和睡觉在一处）这种理所当然的、被认为是能体现出日本住宅便利性的常识。

于是，年轻的西山先生提出，改良小规模住宅的第一步是将吃饭和睡觉的地方分离出来，这个理论被命名为"寝食分离论"。

1935 年左右，西山先生提出的这个理论在二战前被无视了，但是在战后被认同了，并且被公营住宅作为理论基础，具体来说的话，就是把吃饭的地方和睡觉的地方分开，而兼具餐厅的厨房也不过是这个改革的结果而已。

西山先生倡导这个理论的目的是为了改良贫穷人群居住的狭窄简陋的住房的居住环境，但是最后却是在中产阶级的住宅区中实现的。不仅如此，还扩展到了上流社会，即使是在足够大的房间里也要建造兼具餐厅的厨房，这成了惯例。背离了最初的本意，兼充餐厅的厨房地位越来越高，离初始目的越来越远。

我正因为知道其中的来龙去脉，所以在自己设计房屋的时候，只要不是贫穷，就不会设计兼具餐厅的厨房。

26 楼梯：水平还是垂直，这是一个问题

在我家里，在屋顶和墙上都种着蒲公英，家里从地板到天花板都铺的是大糙叶树木板，说起来的话是个奇怪的家，虽然这个奇怪对我个人来说其实是我引以为傲的，但是小女儿的朋友来家里玩儿时的反应让我有些意外。

只是稍微看了眼蒲公英和大糙叶树木板，然后也没有问"为什么是蒲公英？"到目前为止来的大人们都会问这个问题。然后她们却问，"叔叔，我们能上楼梯去吗？"如果是问我"我们能上二楼吗？"还可以理解，但是却问我"我们能上楼梯吗？"这种古怪的问法。她们这些小学高年级的女生们，在楼梯上蹦蹦跳跳，发出咚咚咚的声音。虽然是在看到什么都会好奇的年纪，但是楼梯是斜的这种理所当然的事情，她们觉得哪里好玩儿呢？

"叔叔，有楼梯真好啊。"

"……"

不久之后……叔叔（我）全都明白了。

住在公寓的话，就没有自己家的楼梯了。如果再这样城市化下去，增加集体住宅的话，到 21 世纪的话，没有楼梯的住房就会占日本住房的大半了吧。

好吧，那样也挺好。仔细想想，在日本漫长的建筑史中，楼梯从来都没有占过重要的位置。

我是在信州乡下出生长大的，不论是出生时的茅草屋，还是小学二年级的时候重建的房子，都没有到二层的楼梯。因为是平房，所以没有楼梯也是当然的。位于乡下的房子一般都是平房。到了明治时期，人们将屋顶作为养蚕的地方，但是那也只能算是生产设施，不能算是正式的二层，虽然有楼梯，但是那还不是作为日常生活中的楼梯存在的。

不只是乡下，城市里也是差不多的情况。至少在江户时期的城镇中，只有被称为二层壁龛的阁楼间。但是，有正式二楼的房间还是很少的。据说理由是，诸侯携带大队人马或将军外出时，房间里的百姓不会从上往下看，虽然是这么说的，但是比起这个，更主要的原因应该是因为有足够的面积，不需要建二层。

虽然这样写，但是想一下到底是什么样的状况呢？江户城当时的人口是150万人，应该不会没有住房面积的烦恼的。绝对会有这方面的问题，但是人们用建造平房、横向扩张城市范围的方法解决了。

为什么不建造二层建筑呢？如果建二层的话，城市就可以省一半的面积了。即使可能是因为诸侯的原因，但是只要安装窗户然后都关上窗户的话就可以了。就连作为首都的江户都是这样，其他的城市和驿站还有京都就更不用说了，于是，日本的城市都是平房，城市横向发展。今宵有酒今宵醉的日本的农民、工人、商人贫穷，屋里也没楼梯。

农民、工人、商人是这样，那么武士又怎样呢？武士的话应该是在城里的天守阁上吧。确实那里面有从下到上的楼梯，但是，只要是去过松本城或是姬路城之类的地方的话，就会知道那里面根本没有人住过的痕迹。天守阁的主人是住在下面的宽敞的平房宫殿里，在女仆的侍奉中生活，宫殿一直延伸到天守阁脚下。其他地方的将军们也都是生活在平房中。

那之后跻身上流社会的人也越来越多，但还是无法想象身份高贵的人在家里上下楼的样子。

但是，也不是完全没有带有楼梯的房子。金阁寺、银阁寺、西本愿寺的飞云阁这些就是有真正的二楼，而且也有楼梯。纪州德川家的林春阁（现在的横滨三溪园）也是有二层的。但是，说到用途的话，不管哪个都不是住宅，主要是偶尔用来娱乐或者招待客人的。

在电影中，新选组攻入京都的池田屋旅馆的时候，有从楼梯上下来了很多武士的场景，所以那是二层建筑。但是，也有很有可能是到了幕府末期的时候才改造成二层建筑的。

当然，寺庙、神社和奉行所等具有纪念性的或是公共场所，这些建筑物也都是平房。

虽然也有少数例外的情况，但是居住在日本列岛的人们，自古以来，都是属于生活中没有楼梯的。

反观欧洲，很少有没有楼梯的建筑。住宅都普及了古罗马城市的样子。楼梯都建在大宅邸和宫殿中，从文艺复兴时期开始就是室内空间的主角，一进正门，有高高的天花板的大厅就会展现在眼前，而正面就可以看到楼梯。这种表现形式，在巴黎国家大剧院的设计中达到了顶峰，然后又传入了打开门户的日本，楼梯占据了权威和豪华的首要地位。外面有塔，里面有楼梯，这是明治时期的西式建筑的两大标志。确实，对于只知道天守阁和池田屋这种木制的穷酸楼梯的日本人来说，当看到光芒四射的豪华大厅中的欧式楼梯的话，一定会眼前一亮吧。

二战前建造的，不论是博物馆、西式建筑，还是银行和办公大楼，都是一进门就会看到富丽堂皇的楼梯，其原因就是刚才所说的。

再回到原来的话题，为什么日本只热衷于横向扩展城市的面积，而不像欧洲那样建造二层、三层，向上延伸呢？如果那样的话，日本工匠中的大师，像左甚五郎或是制作机关人偶的仪右卫门一定会造出不亚于欧洲的楼梯的。

原因是，日本人对于必须上下移动进行生活这一点，总有一些不习惯。虽然可能只有明白的人才明白，对于日本人的身心来说，水平移动没问题，但是垂直运动的话就会有不自然的奇怪的感觉。

关于传统上的日本和欧洲人的身体差异，武智铁二曾经说过，在日本，能剧、舞蹈、相扑、柔道这些的基本表现要素都是脚擦着地悄悄地走，身体水平移动。而另一方面，在欧洲，正如在舞蹈和拳击中可以看到的一样，都是踏着地板向上跳，是垂直运动。

在陆地上水平移动和在陆地上垂直运动，这种身体上感觉的差异，表现在每天的日常生活中，所以日本的住宅建筑，到最后也没有发展出具有楼梯的多层建筑。

进一步说的话，日本虽然很遗憾的没有孕育出具有垂直感觉的楼梯，但是却在水平方向上精益求精，创造出了不逊色于楼梯的榻榻米或是木制地板。

27   地板下的空间

　　已经是 30 年以上的事情了，觉得大家应该也能谅解了，我曾经藏在女校走廊的地板下面过。

　　这是高中校园庆典的时候的事情了。因为要准备所以就在那里住了几天，终于到了都准备完毕，明天就是开始的日子了，而男校里一群苦闷的淘气鬼却在想要干些什么坏事。去年，我们的前辈们，给旁边女校院子里的裸体女性铜像"健康"穿上了内裤。之后第二天校长提出了强烈的抗议，要求"把犯人交出来"，但是谁都没有说出是谁，最后以学友会（学生自治会）的会长自己接受处分而告一段落。

　　这次干什么呢？还给铜像穿内裤的话就太没创意了，一边想着作战计划，一边在深夜来到了 1 千米外的女校，先来探查敌情。在校舍周围转一转，面向操场的宿舍的屋檐泛着微光，悄悄靠近一看，门前摆着许多鞋子，看起来应该是哪个俱乐部在合宿，现在已经在屋里就寝了。嘿嘿，今年有很多目标啊。

　　有目标之后大家就想法大开了。捣蛋鬼们从附近的杂物室里拿出了桶，然后往里面倒满了水，爬上走廊，然后悄无声息地把门打开，然后一起向屋里泼水。然后，就逃之夭夭。

但是，随着房间中的悲鸣声和喊声之后，"敌人"的反应是令人意外得快，房间里的灯一下就从微弱的光变成了强光，本来是预定的逃离路线的校园一下就灯火通明了。

怎么办？想要避开光亮俯身前行，但是哪儿都没有暗的地方。对了，走廊下面。赶紧横身滚进走廊下面……

第二天，和往年一样，对方来抗议，但是却没有提出"交出犯人"的要求，只是在生活会上传达了对方的抗议。虽然没有处罚，但是我们被蚊子咬了一个多小时，真的是难受无比。

生在日本真的是很幸运。如果在欧美或者是中国的话就不能这样。因为这些国家都是砖瓦或是石头建造的，墙壁是紧贴着地面建起来的，没有可以潜入到下面去的走廊。即使是木制的有地板的建筑，地板下有空间，但是在不能潜入这点上是相同的，不像日本是独立基础的（在分散的石头上立柱子），而是条形基础（在连续的石头或是砖头上立柱子），所以也不能从外面潜入。

既没有走廊，地板下也没有可以潜入的空间。这是欧美和中国建筑的基础，但是也有例外。美国南部开拓时期的木制建筑，就和日本一样有走廊，用厚木板搭建的阳台伸出来，地板下面也有空间，而且地板下面还很高，是为了通风防潮的高架式建筑。

我曾经有很长一段时间都在担心，这样的话日本引以为豪的地板下有空间的设计的地位会不会被动摇，但是几年前，我第一次到美国南部参观过之后就安心了。南北战争时候南部总统的家，确实是有不输给日本神社的走廊和地板下的空间，但是却被设计成了不能潜入的样子。具体来说，就是在阳台的最前面的位置装上了细长的木板交织的网状物，别说是潜入走廊下面了，就连看清里面都困难。

日本的神社和寺庙为了防止人和狗潜入，也会有类似的设计，但是走廊下面一定是开放的。这点和美国是不同的。

有人可以潜入的空间的话，就一定会产生相应的文化。那就是地板下的文化。比如，忍者文化。如果，日本的建筑没有地板下的空间和屋顶层的话，那可能就不会有黑衣的忍者出现了，那样的话也就不会有《忍者武艺帖》《忍者》《女忍者忍法帖》等书。

如此的话也就不会有日本在全世界都引以为荣的动漫文化了。

再一想的话，日本的忍者真的是神奇。在外国的话这样的人称之为间谍，他们不打扮成像间谍的样子是其铁则。打扮成普通市民或是上班族的样子，避开人们的视线。但是，日本的忍者，从头到尾都是以忍者的打扮登场，然后旋转跳跃潜行。

不论是东方还是西方，从事秘密活动的人所追求的，都是融入周围的环境中不引人注意。欧美的间谍穿着普通（也有像007那样华丽的），就是为了这个。那么，日本的忍者是如何融入环境不被人发现的呢？聪明的读者一定已经隐约知道答案了，虽然回答起来还是有些不好意思，没错，他们就是经过自然淘汰进化而来的身影，潜伏在地板下面或是屋顶层的黑暗中。

希望大家闭上眼睛想象一下。月黑风高的夜晚，身着西装的人，被人追着然后躲进了地板下面，或是藏在屋顶层从小孔里观察外面的情形。这也有点儿太不和谐了。

说到这里，我就想向那些质疑忍者的装束和地板下、屋顶层具有紧密关系的人揭示一下可以证明这个的决定性的证据。那就是体格。为什么日本的黑衣会适合身材矮小的人呢？因为大个子的人行动笨拙。这样的装束和适合高大身材的西装形成了鲜明的对比。

为什么身材矮小的人适合做忍者呢？这也是一个答案显而易见的问题，因为身材矮小的人容易潜入地板下面和屋顶层里。地板下面很狭小，所以如果不是小个子的话很难行动。

我认为大家应该可以认可是日本建筑中的地板下的空间孕育了忍者文化。

不仅是忍者文化，很多文化都是从日本的地板下面孕育出的。比如作为避难所（权力不可及的特殊区域）的中世纪的寺院的走廊下出现的乞食文化。还有我们小时候经常玩儿的捉迷藏文化和藏宝文化，以及野猫文化。

对了，还有火药文化也是。请大家回想一下钻入村子的神社中或是老房子的地板下面的时候的场景。地板下面飘着满是只有地板下才特有的干燥的、有特殊气味的灰尘，地面到处都是白色的粉末，那是硝石。在进口硝石还紧缺，发明枪炮的初期，人们就仔细收集地板下面少量分离出来的硝石粉，然后和木炭粉还有硫黄混合制作黑火药。革命是从枪口打响的，而枪里面的子弹是从地板下收集的材料制作出的。

以上写的都是一些无法证实的东西，最后，我来写一个可以明确证实的东西。那就是地板下存在的日本建筑的美。

一般来说，日本传统建筑的美和欧洲不同，不是在墙壁上，而是在屋顶上。从倾斜角很大的屋顶上飞流直下的雨水，这样的美确实是日本独有的。但是如果没有了屋檐下那大片的黑暗的话会怎么样呢？屋檐接受着阳光的照射，就好像不知辛劳的大少爷一样单纯。而屋檐下的那片阴影的存在，使得明亮的屋檐更加意味深长。还经常被人说，不可以忘记另外一处阴影。那就是地板下的阴影。日本传统的建筑，稍微离远一些看的话就会看到地上有一条横向而笔直的印象，上面是反光的走廊，白色的拉窗。拉窗上端的附近又有阴影，然后阴影的上面是闪闪发光的屋顶。明亮和黑暗，这二者的相互重叠构成了日本建筑的外观。

由于阴影的作用，日本的传统木制建筑才会显得深奥。这都是阴影的功劳。

28   主张恢复漏斗形小便器

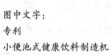

图中文字：
专利
小便池式健康饮料制造机

　　不知道现在的孩子们是怎么样的，我还是小学生的时候，在学校大便是件很羞耻的事情。男厕所里当然有大便用的设施，但是不到万不得已是绝对不会进去的。如果万一哪天早饭吃了不干净的东西拉肚子，实在没办法必须去的话，就会被大家在背地里说，"某某在女厕所喊呢。"。本来一直以为这是"山国"信州才有的，但是问了东京长大的南伸坊先生和在九州长大的赤濑川原平先生后得知，原来都是一样的，所以这至少是某个时期的日本的少年文化。

　　小便和大便有着决定性的不同。小便的话大家可以并排看谁更远，或者向四处溅射，这是大家共同的乐趣，但是大便的话，如果在大家的眼皮底下的话就会很羞耻。小便公开，而大便不公开。

　　可能女性读者们会认为，只有少年，或者只有男性会这样。确实在学校里面，在学校以外也是一样，女性从来都不会有考虑大便和小便需要分开的机会，所以这样想也是当然的，从前的话，女性小便是公开的，而大便是非公开的。

　　昭和时代的乡下，还能看到老奶奶在田间的道路上掀起衣服，然后转身向着后面小便的情景。那是农村还未开化的习惯，让人不能放心。英国某历史悠久的寄宿制女子学校，到现在还保留着过去的小便传统。

大便和小便要分开，大便是非公开的，小便是公开的，这种习惯的由来是什么呢？这应该是，很久很久以前，猿猴从树上下来，在热带大草原上开始用双脚直立行走的时候。那时候我们的祖先还是弱小的生物，还过着要时刻注意周围环境提心吊胆的生活。站着小便，既能环视四周，也能很快地对应紧急情况。但是，大便却不行。由于只能蹲下，所以在草原上就无法环顾四周。这样的话，矮小温顺又胆小的猿猴就完全暴露在了食肉动物的眼前。直立行走的猿猴，抛弃了嗅觉转化为视觉动物，但是四条腿的动物还是主要靠嗅觉。能隐藏起来屁股但是无法隐藏气味。也不是一句"我在出恭"就能解决的。而大便时的姿势也是呈紧张状的。

大便的时候意识的状态也不是很好。小便的时候可以一边小便一边有意识地观察，但是大便的时候就不行，我是这么认为的。意识着其他，还能保有紧张感，这可能吗？必须要专注于内部，封闭视觉和听觉，让意识空白化，然后才能大便得出来。这是我个人的想法，不知道是否具有一般性，但是我是这么认为的。姿势是紧张的，意识是空白的。这实在是太危险了。不找个隐蔽的、不被人发现的地方的话……正是这种感觉，让大便具有了非公开性。

小便和大便，本来就是这样区分的。然后，很长的时间内，也确实这样正确区分的。比如，希望大家可以回想一下以前家里的厕所。大便和小便的地方有隔窗分割，空间上进行了分割，大便器和小便器也是完全不同的形状。在我长大的江户时代的民房中，家里的是客人用的，而在院子的一角有个"一间独房"是家人用的厕所，小便器却是在墙外的，只有大便器在里面。小便公开，大便不公开的原则，就在体现在了这个一间独房上。

在《源氏物语》中，小便器有"朝颜"（译者注：《源氏物语》第二十卷名为"朝颜",日语中有牵牛花和男性用小便器的意思。)这样优美的名字,而重要的大便器却被命名为"金隐し"(译者注:直译为遮挡隐私处的东西)。为什么大便器要起这么一个让人尴尬露骨的名字呢?这是多年来的一个疑问。如果大家了解了,小便公开,大便不公开这个原则的话,自然也就明白了。非公开的地方是不能起优美的名字的。

但是到了二战后,这个历史非常悠久的传统就消失了。希望大家回想一下公寓,或者是郊外的住宅,还有你自己现在住的房屋。是不是大部分的房屋中都不会有美丽的"牵牛花"绽放了呢?二战后的住宅开始向着女性为中心转移,这其中有两项象征着二战前男性中心主义的东西,都被废弃了。一个是之前在关于厨房的那一节中提到的客厅里的壁龛柱。还有一个就是以男性为中心的,或者应该说只有男性才会用的小便器。因为不像壁龛柱那样显眼,所以即使是在二战后的住宅史中,也不经常被提到,悄然地消失了。这不是为了寻求厕所面积的合理性,而是男性专用这个性质,被以女性为中心的社会思想所仇视而造成的。正因为社会思想有微小的差异,所以才更加会被敏锐的视线所发觉,最后形成一种社会倾向。

但是,我也是绝对不会绝望的。大小便要分开的这种从人类初期就存在的关于厕所的原则,在21世纪要被重新注目的吧。这绝对不是重新恢复男权的要求。相反这是生态环保上的要求。

出于生态环保的考虑,现在很多制造业都开始要求进行回收。我们建筑业也被要求需要处理建筑废物。以制造业为首,所有的"行业"都开始回收,到最后人体也会需要回收。

人体废弃物的回收问题,其实就是尿粪的回收。

意识到要废物回收之后的废物处理有一个铁则,就是不论是家庭垃圾还是建筑垃圾,都需要分类。不能混在一起。要在废弃的最初阶段就进行分类。

21世纪尿粪处理的题目就是尿粪分离。只有分开之后才可能做到循环使用。分类之后的粪便，水分含量少容易干燥，干燥之后的大便也不会有臭气，之后无论再进行怎样的处理都会比较轻松。

尿的话，制药公司和化妆品制造商会进行收购，从中提取男性的荷尔蒙。现在的话主要是以海外为中心到处辛苦地收集荷尔蒙，例如混合到女性用的护肤面霜中，如果在国内回收的话就可以实现纯国产化。以日本人身体中提取出的物质作为原料，当然会更加适合日本女性的皮肤。

大便和小便不论是形状上还是成分上都没有共通的地方。一个是消化系统的产物，一个是循环系统的产物，肯定不可能会像。如果只是因为排泄口比较近就将其混在一起的话，这样是不行的吧。

日本牵牛花满开的早上就要来了！

29　浴室为什么设在封闭的空间中

　　一个与住宅相关的话题，大家一定会热烈讨论起来的，肯定是浴室和厕所了。大部分人，在自己的人生中至少会有一次，在使用浴室或厕所的时候会有奇妙的体验。而这些，只能和最亲近的人才能说。

　　比如我，在孩童时代，曾经泡过"转动的浴池"。虽然写的是"曾经"，好像是什么非常珍贵的经验似的，但是其实是 3 天就要泡一次。而这里的"转动的浴池"也并不是浴池真的会旋转，而是村里 11 户人家共用一个浴池，正确的说法是共用的浴池每 3 天会转到各户一次。也就是说，轮流使用浴桶。人们在家吃饭饭之后，就到附近的房子里泡澡。70 户的村子里有几个这样共用浴桶的小组。这应该是因为，浴桶很贵，还有就是烧洗澡水非常费劲。即使用火烧水不成问题，但是在没有自来水管道的年代，从井里还有河里取水倒入桶里是重体力活儿。

　　对于需要耗费大量贵重的燃料和水的浴池，不论是在城市还是在农村，大多数的人都只能共同使用。然后城市里就出现了公共澡堂，而农村没有人有能力建公共澡堂，于是根据农村的实际情况也想了很多方法。在长野县诹访郡宫川村高部的村落，想出来的方法就是转动的浴池。但是很可惜，不知道其他的村落想出的是什么方法，因为没有"经济高速增长期以前农村人的入浴习俗的调查"。

在以前，泡澡是一种招待人的方式。近年来虽然不再是这样，但是在一些地方的旅馆和朋友家的时候，女服务员和朋友的母亲推荐我去泡澡的时候的态度和言语会略显热情，泡澡和吃饭这两者都是招待形式，其中都有日本列岛长久以来的历史痕迹。

我一边写着一边又重新思考，为什么日本近代以前的公共澡堂都是蒸汽浴的形式呢。现在的公共澡堂都是开放的，但是江户时代都是蒸汽浴的形式。在洗身子的地方的对面，有一面漂亮的木板做的防烟垂壁，那下面有一道大概齐腰高的缝，被称为石榴口，从那里钻进去就是浴室了，然后就进去洗澡了。但是却不能说"洗澡水正好啊，哈哈。"因为，洗澡水只到膝盖而已，即使坐下也差不多刚到肚脐而已。代替洗澡水的是什么呢，就是使用防烟垂壁而弥漫在浴室中的蒸汽。公共澡堂最初的形式，就是半蒸汽式的。

看起来，日本列岛的入浴形式的原型，不是水池而是蒸汽浴。据说，流传至今最古老的京都"八濑炉灶浴池"也是蒸汽浴。东大寺的公共澡堂也是，将热的洗澡水注入密闭的小空间里，使蒸汽充满空间。八濑的炉灶浴池则是用将水浇在热石头上这种原始的形式。

至于江户公共澡堂使用洗澡水和蒸汽这种混合的半蒸汽浴形式的理由，以前一直认为是为了传承蒸汽浴的这种传统，而写到这里，我觉得真正的理由应该是，把浴池全部装满水是一件过于费体力的事情。

而到了明治时期，半蒸汽浴这种形式被禁止了，原因是处在黑暗探索状态的男女混浴有伤风化，也有的说是因为卫生上的考虑，但是一定也有近代化所带来的能源和供水情况上的好转的原因。

在很长的一段时间里，日本人都在封闭的空间中洗澡。当做出这个判断之后，我的脑中又冒出了温泉，使我的想法又动摇了。在涌向山间的温泉中洗澡就并非如此吧。

说到温泉的话也不过就是在开放的露天澡堂洗澡而已。确实如此，这数十年来，温泉热和年轻女性客人群体在露天中入浴的情况一样非常盛行。露天浴池界虽然所追求的不仅是混浴时围着浴巾入浴，而是其他的更好的东西，但是总之，提到温泉的话那就是露天浴池……现在才注意到，在途中写着写着才发现我写了露天浴池。露天浴池就是浴池建在外面的意思，笔者真的没有其他的意思，也害怕所有的"年轻女性客人群体"会引起什么误会……

但是温泉真的是和露天浴池一起同步发展到现在的吗？在我看来，露天浴池不是和温泉热一样的新兴的风俗习惯。当然，在山中连房屋和住所也没有的河滩附近自然涌出的地方，也是会有这样的风俗的。但是，有从弘法大师的禅杖杖头处涌出，或是由白鹭引领而发现等传说的，历史悠久的温泉就不是这样的了。比如，位居谷温泉之首的道后温泉就是从高处的共同入浴处进入，然后再到一个地下室似的空间中。实际上，那里是从地面向下挖很深之后再装入热水。从自然涌出温泉的地面周围向下挖，储存热水，如果把扑通跳进去作为泡温泉的原型的话，那么从那之后又经历了向更深更广的地方挖，然后为了挡风遮雨装上了屋顶这样的过程，因此把温泉建成地下室的形式也没什么奇怪的。

澡堂就不用说了，即使是温泉，日本人也要在封闭的空间里。

没想到我们现代人也受到过去入浴观的影响。即使到面积很大很华丽的房子中拜访，也会发现浴室，是在家里的一个角落里的封闭的空间里。也有不少家里会把浴室建得比普通的地板要低一阶。当然，这其中肯定也会有保护隐私、保暖还有管道铺设的问题，但是对我来说，也能够感受到在很长的在封闭空间中入浴这历史背景中所造成的影响。然后，突然爆发的露天浴池的出现，无意识地逆历史而行了。

　　女性在露天浴池的出现使日本的温泉地和旅馆产生了决定性的变化。而且人们还没意识到，以前坐巴士旅游时去的温泉，已经开始成为布谷鸟的巢穴，热海（译者注：热海，隶属静冈县，日本著名的温泉、观光胜地。）的象征。也可以说是露天浴池拯救了日本的温泉。那么接下来的热潮当然就是外露浴池了，但是这个露什么还是个问题。总不能像在表参道的咖啡馆里一样，一边泡澡一边瞭望大街吧。

　　还有一点不明确的就是，这个逆历史潮流的现象会不会使得家庭浴室也向露天转变呢？如果会的话，那么是不是会像拯救温泉一样，也能拯救日本的住宅呢？

30　令人生厌的木板套窗

在设计木造住宅的时候，业主和建筑师还有木匠之间，在采用哪种设计的时候会有几个较大的分歧。一个是业主想要在二楼建阳台，而建筑家和木匠则都反对。确实可以在上面晒晒被子摆些盆栽，很适合业主每天的生活，但是从木匠的立场来看，阳台会从根部漏雨，而从建筑师的角度来看，这种设计实在是很俗。

还有一个分歧就是木板套窗。关于这一点上，业主就和木匠组成了"联军"来对抗建筑师了。胜负到底如何呢，我们从刊登具有较高的艺术性的高级住宅的杂志上来看的话，木造住宅中有木板套窗的建筑是很少的。不了解媒体行情的年轻设计师，如果把有木板套窗的照片拿给编辑部看的话，编辑主任会斥责道："把这东西拆了再拿过来！"

但是另一方面，大家自己在附近转一转的话就会明白，没有木板套窗的住户是少数的。虽然不是以前的杉板木窗，而是铝制百叶窗式的木板套窗，白天放进木板窗套中，晚上再拉出来。我家周围除了我家之外，全都有木板套窗。

为什么会有这样的差别呢？

　　首先，在有可能是木板套窗原产地的地方的使用情况是如何的呢？邻近的朝鲜半岛和中国都没有木板套窗。朝鲜半岛的居民，分为夏天使用的开放的房间和冬天用的烧火炕的房间，夏天用的房间不用说，冬天用的房间也只有拉窗。中国有贴纸格子窗，但没有相当于木板套窗的东西。在寒冷的地方，人们会在窗户上挂上毡子来御寒。

　　欧洲又如何呢？当然是不会有日式的推拉门一样的木板套窗，但是却有把百叶窗或板窗安在玻璃窗外面。确切地说，也只有部分地方这样。调查了哪些地方会有之后，惊讶地发现南北方有着明显的差异。

　　读者们认为欧洲的南北哪一边会安装外侧窗呢？大多数人应该会认为是风雨强并且冷的北方国家吧，但是事实上却是相反的，意大利、西班牙、法国装得比较多，而更冷的英国、德国还有北欧的国家却没有。在窗户上加上外侧窗的是温暖、风雨弱的地方。也就是说，认为欧洲人用百叶窗或板窗来替代木板套窗是不准确的。欧洲不是为了防雨，而是为了遮挡日光，不是雨伞而是遮阳伞，不是防雨套窗而是遮光套窗。

　　那么东南亚又怎样呢？传统的房屋，在窗户外面有竹编的上卷式窗户盖，说这个是木板套窗的话也勉强算是，但是这个不止是为了防雨，还包括防风和防御外敌等多种功能，也就是说这每户只有一扇的窗户，和日本的木板套窗是不一样的。

　　我觉得，木板套窗好像是日本独有的。

　　回顾日本的情况，从原始时代开始就有草或是竹编的上卷式窗户盖。然后发展到平安时代的格子百叶窗。即使现在到京都的皇族宅院或古寺中看的话，也能看到格子状的沉重板窗"唰"地卷上去，然后固定在垂在屋檐下的金属前端。

　　接着出现的拉窗，是和抄纸技术一起在飞鸟时代从中国传入的，刚传入的时候不是拉门形式，而是扇门形式。随后到了平安时代中期，拉的方式不同了，出现了现在的拉窗。还出现了和拉窗同样的滑窗，到了中世纪之后，这两种窗户联手，产生了日本独有的木板和纸把内外隔开的形式。

但是那时候还不是木板套窗。虽然可以成为木板套窗前身的板窗已经产生了，但是总是被安装在靠近拉窗的地方，走廊还是在外面被风吹日晒。只有安装在走廊外，保护走廊才能算是木板套窗。那么，到底什么时候，走廊才被木板套窗所保护，变成了室内通道的呢？

这里还流传着一个有趣的故事。那是 1586 年，德川家康率军第一次到京都去的时候，正赶上京都夕阳西下，也就是晚餐的时候，军营中弥漫着意想不到的紧张感。从军队安营扎寨的附近的街道传来了嘈杂的声音。哎呀，是不是秀吉军打过来了，他们向外看，原来是各家各户不知从哪儿取出了薄板窗。仔细看的话，板窗像是变魔术一样从墙的一段被拉了出来。

家康在进京的时候，京都诞生的木板套窗还没有传到东日本来。回去之后家康就在自家按上了木板套窗，一会儿开一会儿关的。

这经过了漫长历史而形成的木板套窗，为什么会被现在的建筑师们讨厌呢？木板套窗具有防盗、防风、防雨等多种功能，有它与否的窗户的耐用性有很大的不同，为什么先进的建筑师们会讨厌它呢？

这个理由，我知道。我也曾经因为要不要在住宅设计中用木板套装而苦恼过。其实建筑师不是讨厌木板套装。晚上也看不到，白天的话就会收起来，所以它自身是没问题的，但是它的保护者却不能忍受。大家讨厌的是到傍晚木板套窗要从套子里拉出来，而一到早晨又要藏在里面，讨厌的是这个套子。

对一支棒球队而言，比赛时的对手看到横滨海湾星队的佐佐木投手，就意味着之前的努力都白费了。

住宅的外观就好像人的外貌一样，建筑师会将精力都倾注其中。不亚于女人对自己容貌的关注。窗户是眼睛，出入口是嘴巴，左右的墙壁是脸颊，窗户上面的墙是额头，屋顶是头发。不论哪个都缺一不可，为了设计得更美、更利落，这个木板套窗和防雨窗套的设计就令人苦恼了。如果木板套窗可以勉强算是眼睑的话，那么防雨窗套到底算什么呢？蒙在眼睛旁边，脸颊之上的四角形带状突起？人脸上可没有这么不自然的东西。如果你看到一个女性，先不说长得是否漂亮，如果两眼的外眼角处贴两个创可贴走在大街上的话，你会怎么想呢？会移开视线吧。这是同样的道理。

现在大家可以理解建筑师讨厌防雨窗套的原因了吧？

31　阳台－被褥联盟和建筑师的对立

图中文字：

上：建筑师 VS 木匠、施工者

右：一直以来，关于阳台的"斗争"一直没停止过。

右中：喂！你在干什么！

左中：什么破烂东西！

被子是家里稍有些奇怪的存在。和衣服和餐具不同，被子是一人一条，但是有时候却会被一起拿出来晒在众目睽睽之下。某个晴朗的周日，刚过晌午，你在小区里走一走的话，就会看到基本上每家的二楼阳台，都会晒着爸爸的被子、妈妈的被子、姐姐的被子、哥哥的被子，他们并排排好。家里的物品只有被子才能聚在一起。

第一次到欧洲的时候，看到那里住宅的情况和日本完全不同，让我大吃一惊。绿化情况、装修材料，这些都不同，但是最大的区别是看不到一家人的被子晒在外面。并不是说欧洲没有被子，所以没有可以晒一家人被子的阳台也是正常的。

不用说独立住宅，即使是集体住宅也看不到在阳台晒被子的情况，所以就可以看到漂亮的街道风景。确实，和没有到处晒被子的街道相比，没有晒被子的状态会更加美观。这样的话对被子的评价就反过来了，这哪里是家族和睦的象征啊，这简直就是把爸爸妈妈晚上的秘密和姐姐哥哥的隐私，这些无法言喻的家族内部情况公之于众，实在是太羞耻了。

被子到底是家族的肖像，还是内脏呢？引出这个深刻问题的正是阳台。如果没有阳台的话，那么日本的被子，就只会是晚上在榻榻米上，白天在壁橱里老实待着。

本节的主题就是阳台，日本的说法是廊子。

日本的廊子的起源虽然只能追溯到古坟时代，但是大概是在弥生时代和种稻子的技术一起传入的吧。从古坟时代的铜镜上就可以看出，那时的廊子不像现在只是房檐下的一条，而是和室内差不多宽敞，只是四周是开放的。这和中国云南、泰国山里的少数民族的音像资料中出现的一样，当然起源就是这些地方。

在南方生活的话，会遇到北方没有的两个问题。一个是日照强，另一个是蚊子。气温就算再高也就35摄氏度左右，但是被南方强烈的日晒照在头上的话，温度就会近50摄氏度了，皮肤也会感觉像是要烧着一样。如果房子可以阻挡日晒，又可以保持空气流通的话，也就是说人工制造出像是在树下乘凉一样的状态的话，即使是在热带也可以舒服地生活。如果有树荫和风的话，就比东京的夏天更凉快了，去过夏威夷和巴黎的人一定会懂的。

像夏威夷和巴黎这种有名的旅游胜地，虽然不用担心蚊子，但是其实热带的蚊子是很厉害的，昼夜不停地吸血，而且还会传播疟疾等疾病。

应对这两个敌人的唯一有效的方法就是建造高架的廊子。屋顶可以遮挡阳光，四面无墙可以保持通风。蚊子都是生活在地面附近，地板越高的话蚊子越不容易接近。有所质疑的人可以在傍晚的时候站在草丛，蚊子只会叮手脚，不会叮到脸上来。然后对于蚊子，有的人会想，即使不架高地板还可以撑起蚊帐啊，但是据说热带的蚊子会把蚊帐咬破进来叮人。

南方的原住民们，多亏了这种高架廊子，才可以一年四季生活在凉爽中。

这种形式和种稻技术一起传到了北方，然后又传到了日本列岛，之后为了适应日本的水土气候进行了一定形式的改良，具体就是从更低更窄的房屋南面伸出一块细长的地方，在柱子之间装上门，成为房间内的一部分。于是，廊子就变成了走廊。

前面已经写到过了，欧洲没有在阳台晒被子的习惯，那么为什么明治时期开始大规模引入西洋建筑时，日本自古以来的走廊的存在没有受到威胁呢。理由很简单，后来引进的西式建筑不知为什么建造了比日本走廊漂亮的阳台。

从大航海时代以来，欧洲的殖民者和商人都把目光聚焦到了亚洲，但是登陆上印度和东南亚之后，却一个个地倒下了。拿葡萄牙的殖民地果阿为例，几年之后人口就骤减到了原来的六成。并不是被毒箭射到了而死，而是由于高温导致身体变弱，或者是被蚊子叮咬，染上疟疾后死亡的。毛孔数量不足（毛孔数量不是由遗传决定的，而是由出生地方的冷暖决定的）的欧洲人非常不适应在酷热的地方生活。

之后他们就注意到了原住民住的高架的廊子，但是由于是开放的，他们害怕原住民的毒箭，所以一直没有采用。直到十八世纪后半叶确立了对殖民地的统治之后才开始采用，并且改进成西式的箱状建筑，周围伸出阳台的形式才最终确立。另外，阳台这个词，是闯入孟加拉地区的英国人引用的当地语言。

由此，出现的带阳台的西式建筑被称为"外廊式建筑"，之后，这种建筑遍布东南亚然后又向北流传，经过香港、上海到达日本的长崎，之后更是传播到了神户，然后扩展到了日本全国。长崎的格洛佛宅邸和神户北野异人馆就是例子。

从南亚诞生的廊子，在弥生时代和种稻技术一起传入日本，2500 年之后，又和欧洲文明再一次进入日本。日本历史的重大变革，都是随着廊子和阳台的传入而进行的。

阳台，有着可以晒干被汗浸湿的被子等重要意义，但还是有人无法接受。

那就是建筑师。在幕府末期开放之后阳台传入，经过明治初期的传播，西式建筑已经在各地生根发芽，但是在欧洲受过高等教育留学回来的日本建筑师却对此感到非常苦恼。设计了鹿鸣馆和东京圣尼古拉大教堂的英国建筑师康德，在大正时期到死都坚持建造带有阳台的建筑，但是以辰野金吾为首的弟子们却拒绝了。他们说："伦敦和巴黎都有不带阳台的建筑。那是殖民地的建筑手法。"

从那之后，直至今日，虽然理由时不时会改变，但是建筑师们一贯是反对阳台的主张。但是，业主却觉得有阳台会便利，希望可以带阳台。由于专业意见和业主的意见相左，所以阳台的出现率也会产生变化。如果能说服业主的话，那么就没有阳台了，说不定还能刊登在建筑设计的杂志上。但是如果不能说服业主的话，那就只能在周日散步的时候看到了。

建筑师讨厌阳台，而且也讨厌木板套窗，因为它会使房屋设计最精彩的墙面的构成不稳定。安装在中间的木板套装，破坏了墙面流畅的线条，而伸出来的阳台则阻碍了人向上看的视线。

于是，现代的日本住宅，包括集体住宅，分为了带阳台和不带阳台两大阵营，对战还在不断扩大，但是孰优孰劣只要在住宅区转一下就可以看得出，在量上是带阳台的获得压倒性的胜利，而以质获胜的都是不带阳台的。

32　我家需要围墙吗?

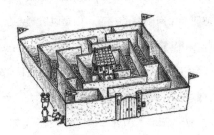

接下来，我们来谈围墙。

"对面的空地围起围墙了。"

"唉——"

这是单口相声中很有名的对话，单口相声在江户的简陋住房地带，其实和围墙没什么关系。

在简陋住房地带应该是没有围墙的。胡同的地面排着下水道盖子，几户合住的简陋房就建在对面。如果要建围墙的话，房子和围墙之间需要有 60 厘米至 90 厘米的空地才行，但是在寸土寸金的手工业者居住区是不可能的。

现在，去手工业者居住区的东京佃岛和月岛看一看的话，虽然不是没有围墙的例子，但是那大概是二战后经济高速增长时期建造的吧。在简陋住宅区可以看到摆放着花盆，小孩子到处乱跑，但是这些都是现在的新的风俗习惯了，在以前的话手工业者住宅区就是原来该有的样子，路上是在家从事手工业的手艺人晾晒半成品的重要空间，根本没有摆放花盆或是让小孩子乱跑的地方。

在简陋住宅区，即使是紧邻大街的商店，因为直接面对大街也是没有围墙的。即使有，也是在后院与邻居房屋的交界处，在不显眼的地方。

我之所以会关注围墙，是因为在我现在居住的东京的西郊的住宅地，围墙实在是太显眼了，让我很生气。看看近年来的小型开发住宅，房子和围墙之间连 30 厘米左右的距离都没有，却还是要砌墙立门柱。而且基本还都是廉价的混凝土墙。有院子就算了，就连没有院子的也要建一道围墙，实在是很悲哀。就这么想要建造围墙吗？我都要开始怀疑住在日本郊外的人是不是有强迫症了。

欧美也有很多住宅密集区，但是如果无法建造宽敞的庭院的话，就不会建造围墙，只是把房子建在路边。不建造围墙的话，既可以拓宽道路，也有了供行人行走的空间。

不论是京都还是东京，都有商店和简陋住房不砌围墙的传统。

农村的田园地带也是这样的。虽然农家有树篱，但它和围墙不一样。围墙是和门组合在一起的，为的是把住宅和外面隔开，而农家的树篱没有封闭起来，谁都可以进来。

那么这可恶的围墙是怎么来的呢？如果手工业和商业区还有农村都没有围墙的话，那么就只能是剩下的地区，在这两者之间的，对，就是江户的高岗住宅区。

江户的高岗住宅区是武士住宅区。武士住的地方，大到将军、大名，小到家臣，所住的房子绝对不能没有围墙和门。武士的话就得佩刀，住宅有围墙，这才能称得上是武士。大门和围墙是排场的象征。

武士家的门和刀一样，是战斗的道具。确实，攻入敌人的住所在平安时代末期到战国时代都是家常便饭，所以门和围墙一定要建得非常坚固，这样对敌人就会起到震慑作用。

门和围墙，不论在哪个国家，追溯起源的话都是因为战争。日本的话，早在弥生时代，就有了保护村落的围栏了，在陆地上城市全都是由巨大的城墙和城门围起来的。当初为了保护城市整体的巨大的城墙和城门，也慢慢降低成了保护各家的围墙。

但是，如果围墙和大门的起源是战争，那有一点就让人想不明白了。没有战争的时代，为什么门和围墙还能够流传下来呢？至少在日本，明治时期以后，街道和村落已经没有受到攻击的危险了，即使有，到了使用枪炮的年代之后也就没有任何用了。尽管如此，大家还是孜孜不倦地建造劣质的混凝土墙，这又是为什么呢？

理由还要追溯到近代出现工薪族的时代。

从明治时期开始，首次出现了公务员这样的工薪族，然后民营企业开始兴起，名为社员的工薪族开始出现。虽然现在说起工薪族大家想到的都是私营企业的雇员，但是最开始是明治时期的公务员。

那么，他们住在哪里呢？他们就住在了高岗上的空出来的武士的家里，按照职位高低分配住所。公务员代替了武士，比住在工业和商业区简陋住宅的人地位较高。虽然没有战争，但是最初的公务员们，还是喜欢这种气派的高墙建筑。之后，这种习俗也传播到了私营企业的工薪族中，成了现在这样。

没有抵御敌人的必要，还要建造作为战争的道具出现发展至今的墙壁，这从本质上就是错的，也是出现廉价混凝土围墙的原因。我很想说，非要建造这样的围墙，难道还要从上面往下扔石头吗？

但是，也有可能会有人说，即使现在也是有敌人的。不是有句俗话是"男人一出门就有七个敌人"吗？确实在公司中会有竞争对手。但是，公司里的竞争对手会跑到你家门口把你家门踢坏吗？竞争公司的职员会冲在他们科长之前冲入你家的院子吗？要是有这样的职员的话，那么现在的经理一定会很欢迎的吧。恐怕，只是受"有敌人"这种心理压迫感而使得人建造这些围墙。

关于防盗问题我想具体回答下这个问题。关于这一点，我特意问了警察局防盗科的人。是不是有围墙小偷就不会进去了。回答是：不一定。虽然没有破坏墙壁进入的小偷，但是也有把围墙作为跳板爬入二楼的小偷，也有发现有围墙这样逃跑会比较麻烦然后放弃的。但是，小偷不是因为有了围墙不容易进入而讨厌它，而是因为不容易逃跑。围墙完全没有防盗的作用。应该是明治时期的工薪族为了排场而建造的，后来的工薪族因为产生了惰性心理，所以现在的日本郊外的住宅也还是一直在建造围墙。

于是，我家（蒲公英之屋）在建造的时候，我尝试去掉围墙和树篱，让道路更加宽敞。5年过去了，没有出现任何不便。周围的小孩子会在院子的草坪上玩耍，东边的农户可以不上马路，就顺着院子传阅板报。开放的空间真是好。不仅是我，西边的S先生也是，这次，把大谷石制的围墙拆掉，换成了低且透亮的树篱，可以从院子里直接看到街上。只是街上两边的两户人家这样做，周围的空间就宽敞了很多，心情也好了很多。为了保护隐私的话，只要挂上窗帘就好了。

一起来建造没有围墙没有树篱的住宅不好吗？

33 庭院要用弥留之际的目光来看

大家都知道最后一顿饭吃什么对人类来说是一个很大的问题吧。简单来说就是最后一顿饭想吃什么。顺便说一下，我想的不是木盒装的鳗鱼饭，而是鳗鱼盖饭。装在木盒里总会让人觉得不安，因为吃不到角落的米饭……

赤濑川平先生的话，想要吃茶泡饭，里面拌什么菜无所谓。但是最后的点心是绝对不能让步的，那就是不是细豆沙而是要有豆粒的粗豆沙包。南伸坊先生的话，虽然还没有决定吃什么，但是如果是吃豆包，那也要粗豆包。

我和喜欢建筑的读者们一样，还关心一个问题，那就是临终的问题。

"临终时看到的风景。"

临终时想要看着什么呢？我非常迷惑。首先，是看自然的风景，还是选名建筑吧。虽然非常迷惑，但是我说实话，我并不想在临终的时候看名建筑。还是看鳗鱼盖饭和泡在汤汁里的米饭比较好。我自己也很奇怪，我竟然对建筑没有留恋。

白雪笼罩的山峰，刚刚发芽的杂树林，映着夕阳的海面，夏日的溪流，这些美丽的风景都很吸引我。但是，我还是在犹豫鳗鱼盖饭的问题。还有一些细节问题让我无法释怀。好不容易要到另一个世界去了，难道不会期待稍微梦幻一点的场景吗？

思前想后，我的结论是，要看"庭院"。与其说是想看庭院，不如说是想躺在走廊上，边看庭院边迎接死亡。

就像年轻时一样，我匆忙把鳗鱼盖饭吃完，慢慢地走上走廊，就着粗茶，细细咀嚼粗豆沙包。眼前是敞亮的庭院，其中有沙土、岩石、水流和树木的庭院，"啊，蜻蜓落在岩石上了。"然后静静地躺下，右脸颊感受到了走廊地板的温暖触感，然后迎来最后一刻。

写着写着，就感觉自己身临其境了。

建筑和庭院的关系既是紧密相关又是极其复杂的，建筑师和庭院设计师之间，有一道从外面无法察觉的又窄又深的沟。建筑师很容易把庭院当作是建筑物的附属物。

事实上，在建筑业上，建造庭院和外部构造的预算是根据建筑主体所决定的，一般情况是建造主建筑剩下的钱来建造庭院。建筑包含了技术、思想、美等元素，是那个时代的象征。因此，建筑师们会认为建筑更加伟大，但是把这个想法告诉庭院设计师的话，他们会很淡定地告诫你：你想想去京都寺庙时的情景。

例如龙安寺。有去那里看建筑的人吗？没有。大家都是坐在建筑里面，眺望对面宽敞的庭院。

十多年前，有人这样告诫我，于是从那时起，这个问题一直存在于我的脑海中。

是这样啊，人临终前想看的不是建筑物，而是庭院。而且，要坐在建筑物里面看。听到这些之后我也是很受打击，刚听到这句话的时候，我觉得建筑物只不过是装饰庭院的一个画框而已。

不知道是谁提出的，"庭院要用弥留之际的目光来看"。虽然不知道是谁，在什么时候提出的，但是庭院要用弥留之际的目光来看，也就是说要用临死之前的眼光来看。用这样的眼光来看，才可以明白庭院的真正本质。

我自认为自己年轻的时候，是反对这种说法的，但是随着年龄的增长，我开始渐渐地理解了其中真谛，也不再反对了，现在的话，我觉得确实是这样的。

建筑和庭院的本质区别是什么？为什么在这种终极时刻，建筑比不上庭院了呢？

实际上，庭院是来世的东西。而建筑物是不可能比得上来世的东西的。

突然这样说，可能会有很多读者觉得困惑，但是对此有所怀疑的人，下次去看庭院的时候，可以问自己一个问题。可能稍微有些矫情：在庭院里是否可以感受到时间的存在呢？

在庭院中，时间一定是静止的。从以前开始就是，到任何时候都是如此。

确切地说，庭院就是让时间消失的装置。而且是有证据的：白砂石和青松。

在白色沙滩的古松下站着老爷爷和老奶奶，在沙滩上屁股长着毛的乌龟，空中有仙鹤飞过。这是庆新年的挂轴或红色棒棒糖袋子上的画。自古以来，日本都用白砂青松的图案来代表长寿，也就是永远不变的事物，还有时间静止的东西。来世也是一样的，神仙们居住的地方也是一样的。

例如，大家可以回想一下能剧中舞台与休息室之间通道的构造。在桥式通道的脚下铺着白砂，竖立着松树。白砂青松意味着另一个世界，从那里过桥出场，开始表演。当然，这是很久以前为神仙跳舞时所准备的，一直流传至今。

远山金四郎把飞雪一样散落的樱花称之为"法庭"，那也是源自以前在神仙面前审判的故事。

庭院、来世、神仙所在的地方，时间都是静止的，这是它们的共通性。也就是说，它们都出自同一个地方。

从词源方面也可以看得出来，"庭"指的是神仙前面的大片空地。在那里摆放着贡品，在那里祈祷、听取神言、跳祭神舞蹈、举办祭神的相扑比赛等，这个地方就称之为"庭"。

刚才所说的这些场所都必须要干净无暇，所以铺上了白砂。然后，立有植物中生命力最强的松树，或者是海滨地区在盐水中浸泡长大的松树（黑松），或者是在寒冷的高山岩石上生长的松树（伏松）。松树无论在哪里都可以生长，是植物中生命力最强的。

日本的庭院一定会铺有白砂立着松树，这种思想一直延续在日本人的潜意识中。因此，日本人临终前希望看到庭院的景色，那么欧洲、中国、印度还有阿拉伯的人们，他们在临死前希望看到什么呢？

34   最初的寒症患者是昭和天皇

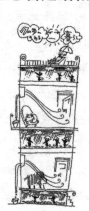

图中文字：
有空调的生活。

本节我们改变一下话题，来聊一下怕冷的症状：寒症。近二三十年来，不知道为什么越来越多的人得寒症，尤其是白领，寒症成为夏天的职业病。

原因当然是空调。包括寒症在内的由空调引起的身体的不适的症状，有一个专门用语叫作空调过敏症，最初的患者是昭和天皇。其实最初的患者本来应该是大正天皇的。那还要追溯到 1909 年时候，当时的皇太子（大正天皇）为了新婚生活而建造了赤坂离宫。但是，对完成的离宫明治天皇却说："太奢侈了。"关于这个问题，离宫是仿照法国皇宫而建，而豪华的装饰触碰到了天皇的逆鳞，而且空调也可能被视为是铺张浪费。

当时住在木制宫殿的明治天皇的生活是非常节俭的，即使在冬天也只用 3 个火盆取暖，而赤坂离宫却用的是日本最先进最完备的设备。而且价格昂贵，都是定制的进口设备。

"太奢侈了。"就因为明治天皇的这句话，赤坂离宫被打入冷宫，大正天皇没有入住。直到皇位更替，也就是下一代的皇太子（昭和天皇）才在新婚之后入住，1924 年才正式入住，安装后 15 年终于首次使用的空调，却让之后的天皇吃尽了苦头。夏天，当开启冷气空调入睡后，由于太冷了睡着睡着就醒了，然后发现吹出的风非常冷，但是稍微调高一些温度的话，这次吹出的又成了暖风。为了遵循爷爷留下的"不要对身边的事情抱怨各种不满"的遗嘱，也只有忍耐了。结果，昭和天皇对空气的温度和湿度，还有空气流通，异于常人地敏感。到底有多敏感呢，我问过现在的新宫殿建设的负责人，昭和天皇可以感知到1摄氏度的变化，以及能感受到其他人都感受不到的空气流通。冷气设备真是不得了啊。

"冷暖设备齐备"，这种把冷气设备和暖气设备相提并论的做法，其实是不正确的。暖气设备的历史是从有火出现开始的，可以追溯到北京猿人出现的时候，已经有五十万年的历史了。从古代开始，中国有火炕、朝鲜有土炕、日本有地炉和被炉等发展至今。暖气设备和人类一起出现。

另一方面，冷气设备呢，在很长的时间里，制造人工的冷气设备是不可能的。有说取暖的，但是却没有取冷这个说法。或者是到通风比较好的地方，或者是创造阴凉的地方，只有交给大自然这种消极的策略。在《徒然草》中，有这样一句名言，"房子要夏天住着舒适凉爽"，这是因为虽然可以取暖但是无法取冷的意思。

要想制造取冷设备，电和冷冻泵的发明是必不可少的，现在的空调设备技术是在19世纪末期形成的，晚于取暖设备50万年。19世纪末期这实在是太迟了点儿，理由只有一个，在近代，地球上需要冷气的地方很少。在比较先进的欧洲热到需要冷气的地方非常少，而在亚洲和非洲，为了避暑从以前开始大家选择睡午觉。即使到了19世纪，近代文明的国家中，夏天热到需要冷气的国家也只有美国和日本而已。空调当然是美国发明的，在当时引进的也只有日本而已。

第一台就在赤坂离宫。一般来说初体验都会是失败的，昭和天皇受尽了这台纽约制造、日本组装的特制空调系统的折磨，原因就是太潮湿了。虽然装有自动感知室温的功能，但是其中最重要的传感器的细管里面结露，管子被堵住，系统就失控了。

　　这在纽约是无法想象的故障。虽然夏天同样是高温，但是纽约和东京有一点不同。那就是湿度不同。东京既潮湿又高温。高湿度就是空调在日本无法正常工作的隐患。地表潮湿的空气上升在高处与冷空气接触，湿气被冷却之后变成水滴（雨）落下，这种现象也发生在日本室内。潮湿的空气和比自己温度低的物体接触（玻璃、混凝土等），就生成了水滴，附着在物体上。这种现象称之为结露，虽然是很风雅的说法，但是其实就是室内下雨。在赤坂离宫中，传感器的细管里在下雨，而在隔热性不好的混凝土住宅中，壁橱里由于有被褥所以也在下雨。闭上眼睛想象一下，虽然屋顶层、壁橱深处和地板下面的水管周围，有小乌云悄悄地冒出来下起雨这种情景很有趣，但是总不能拜托老鼠撑着伞不让那部分被雨淋吧，现实中还是有些麻烦的。

　　出生在美国的空调，被日本的湿气打败了。之后，日本的技术人员开始努力独立开发，才有了现在不结露的空调系统。就这样，即使是闷热的日本的夏天，也可以舒适地度过，但是人们刚刚安心下来，却没想到由于新办公室中安装了制冷良好不结露的空调，在里面工作的年轻的女性中，寒症开始蔓延。

　　原因还是湿度。人感觉是否凉快是和湿度有关的，即使同样是 25 摄氏度，湿度 50% 和 70% 相比，前者就会让人感觉温度低 2 摄氏度。也就是说，湿度高的地方会给人感觉热，在湿度高的日本，室内空调要调得比实际需要的温度更低（或者除湿也是可以的，但是办公室的空调还没有这个功能）。从炎热的室外进到办公室，在超出肌肤承受范围的冷气中久坐工作的话，免不了是要生病的。

　　翻过一山还有一山。人类使用暖气设备的历史已经有 50 万年，与此相比冷气设备的历史只有 100 年，差距实在太大了。冷气设备虽然还有不完善的地方，但是空调的技术人员绞尽脑汁，不断尝试解决的方法。

其中一个办法就是辐射冷气。在盛夏时节太阳毒辣辣地照射的时候，在百货商场的入口处摆放冰柱，站在旁边的话就会感受到冷气。感觉凉爽不是因为空气变凉了，而是冰柱直接把冷感传给了肌肤。应用这个原理，在剧场或体育馆这种大的空间中，就不再需要冷却大量空气，这样可以节能。具体来说就是，只在天花板的屋顶层将水循环冷却，这样即使气温很高人也会感觉很凉快，就可以达到头凉脚暖的健康状态。虽然是这么考虑的，但是技术人员对天花板的冷气设备进行了几次实验，温暖的空气上升遇到冰冷的天花板就开始结露，然后室内就开始下雨，真的是太失败了。

理想的天花板冷气设备又输给了湿气，当相关人员一起仰天长叹想要放弃的时候，叶山成三先生出现了，他开动脑筋想出了一个可以不结露的方法。关于发明的始末和其有效性，都已经出版成书（《天花板冷暖气设备的推荐》，叶山成三著，筑摩书房出版），他作为上智大学的技术顾问，参与开发上智的空调的实践活动。我曾问过猪口邦子老师，站在使用者的立场上，认为如何。她的回答是：很舒服。

但是，虽然叶山先生认为他的方法很好，但是却没有被广泛使用，这是为什么呢？

35   贵族家中的供暖情况

冬天来临，外面很冷，里面很暖和。但是在之前，冬天的时候室内室外都很冷。

我是在信州的山里出生长大的，所以对寒冷有切身的体会。由于有湿气的东西在零下十几摄氏度的时候会结冰，所以我们把蔬菜和酒都储存在厨房地板下的地窖里（简易地下室）过冬。不再使用这种地窖，是从冰箱登场之后开始的，放进去的鸡蛋、瓶装牛奶也不会再冻裂，蔬菜也不会冻得很硬，冰箱真的是非常适合储存食物。

不仅是在信州，以前全日本境内的房子都很冷。究其原因，是因为房子没有御寒措施，完全没有。即使在严寒地带，也只有挡风的木板套窗和哗啦作响的拉窗，而且还都有缝隙。而比这更严重的是地板的问题，地板下面的风从地板和榻榻米的缝隙间吹上来。没有什么比从下面吹上来的冷风更难受的事情了。

除了缺乏防寒性之外，房屋里没有取暖设备也是个问题。那时日本还没有取暖设备。说到这里，会有人反对说，不是有地炉、被炉和火盆吗？可惜这些都称不上是取暖设备。取暖设备，指的是能够烘暖房间整体的设备，地炉、被炉和火盆并不能把房间内的全部空气都烘暖。地炉只暖身体的前面，被炉暖的是腰部以下，火盆只暖手指。

我想应该也有人会抱有"贵族家中是否用的是我们平民不知道的御寒方式呢？"这样的疑问，但据我所知，在寒冷面前日本人人平等。即使是明治天皇，在寒冬的时候也只是把火盆增加到了3个而已。我曾听说前首相细川护熙的父亲细川护贞先生于大正时期在细川侯爵府中的日常生活情况，一到早晨，只会说熊本方言的佣人就来把木板套窗打开，然后在开阔的日式房间中放一个火盆就走了。细川护贞先生就只能和一张拉窗纸和火盆中的碳做伴，忍受一天的严寒。

不论是天皇还是熊本的大藩主，越是身份高的人，住的地方越冷。他们只用火盆，而不像老百姓那样用效果更好的地炉和被炉。

在外国无法想象贵族会住在那么冷的房间里的，这是为什么？

天皇或贵族既不在地炉旁烤火，也不钻到被窝中，是由于这样不成体统吧。虽然觉得这不是直接原因，但是不论是谁都能想象得到那样不成体统吧。虽然日本人都明白，但是外国人是非常难理解的。写到这里，我打算一会儿再继续解释为什么身份高贵的人不使用地炉和被炉的原因，现在先停笔。休息一下。在这时间里，也请大家考虑一下其中的原因。

要追溯地炉和被炉的历史，首先要回到草顶、土地房间的民居，再往前的话就要追溯到绳文时代的竖穴式住宅。正中间是炉子，人们围在一起生活。厚厚的茅草屋顶有很好的防寒性，地板和墙也不会漏风，地面温度不会降到零度以下。和后来的民居那种空旷房屋中的地炉不同，竖穴式住宅是在密封性较好的狭窄空间的中央烧火，所以房间整体都很暖和。绳文时代是有"取暖设备"的。

但是，不久后高架式住宅从南方传入日本列岛。高架式住宅和制铁、种稻等先进的技术一起传入了日本。根据现在考古学的意见，推测是从中国长江流域或者经由朝鲜半岛南部传过来的。

虽然这种从南方起源的高架式住宅，不适合日本冬天的寒冷，但是上层阶级却非常支持。不一定比竖穴式的住宅更先进，但是因为是和水稻种植还有铁器一起传入的，所以被认为是更加先进的住宅形式。没有地炉和被炉的高架式住宅，首先以天皇为首开始居住，然后发展成为天皇的宫殿式建筑和武士的书院式建筑。

另一方面，起源于绳文时代，有炉子的一居室，也作为平民住宅的一般形式而扎根、发芽，不久就出现了使用地炉和被炉的居民。在这个过程中，人们又仿造上层阶级的住宅，引入了地板、通风良好的拉窗和木板套窗，虽然丧失了原本的保暖性，但是由于有地炉和被炉，和只用火盆的贵族比起来冬天还是过得比较暖和的。

经过以上的漫长历史，比较可怜的是，天皇和贵族已经不适应地炉和暖炉的生活风格。

虽然说不适应这种风格，但是冷还是会冷的。但是，也不像相邻的朝鲜半岛或是中国的东北地方那样寒冷，所以就没有想着要采用火炕（朝鲜）或炕（中国）等取暖设备，而是优先考虑形象继续忍受着。

现代人的话，更多考虑的是实用性，而过去的人们却更加注重体面。武士即使不吃饭也要拿牙签剔牙。武士即使在冬天也只用一个火盆。可能有人会觉得这样不合理，但是我却暗自觉得，这才是住宅的本质。为什么这样说，想想衣食住中的衣就知道了。为什么生活水平越高，越注重外表呢？首先要满足实用性，然后再从实用性中显现出体面。

身份高贵的人住进温暖的房子中是从明治开始，西式建筑引入之后。由于西式建筑是和以前的高架式建筑一样，都是和先进文化一起引进的，所以被视为是高级的象征，这样身份高贵的人们就可以保住面子堂堂正正地搬进去了。

但是，真实情况是，西式建筑只用于接待客人，而多数人还是住在以前的地方。明治、大正直到二战前的昭和时期，大多数日本人的生活情况是，贵族们大多住得很冷，老百姓住得是稍微冷一些。

日本住宅中的房间开始变暖和，是从二战后经济高速增长，引进煤油炉之后。在关上门的房间中燃烧进口煤油，终于回到了几千年前竖穴式住宅中的取暖水平。

现代日本取暖设备的历史还不长，有暖风机、辐射式加热器、地热和太阳能，都是高绝热、高密闭性的。但是如果只借助自然的力量的话，那么日本还是一个处于在混沌中摸索的国家。

36　室内光景是人生大事

大概从古至今的世界住宅都没有像现在的日本住宅这样散乱的例子。

玄关有没有放进鞋柜的几双鞋子，鞋柜上摆放着花瓶或应该是礼物之类的东西。就连作为门面的玄关都是这样的，那可想而知家人用的房间会是什么样子，在卧室摆放电视机之类的电器那是无可奈何的事情，墙壁上挂着日历和日程表之类的，装饰架上放着不舍得扔的纪念品还有玩偶、书、宣传册之类的。钢琴上面也会找出些空子，成了放东西的地方。到了厨房和洗漱台，那情形就可想而知了，真的是连落脚的地方都没有，到处都是瓶子和用具之类的。

我可以断言说从古至今的世界住宅，是有理论依据的。首先，发展中国家，虽然住宅狭小，但是家里的东西也少。另一方面，如进入发达国家时间较久的欧美，虽然物品多，但是家里也宽敞。不论是哪个，从理论上来讲都不会有东西散落的到处都是。

而日本的话，物品的数量不少于欧美，但是家里却不够宽敞，收纳的空间较少。东西和放东西的空间不平衡。

这大概就是日本住宅呈现出了人类历史上前所未有的大混乱的根本原因，

当然另外也还有其他很多原因，我想这方面要从物品和收纳两方面来考虑。

首先，我们先说一下物品。虽然对欧美的住宅了解得并不是很详细，但是和日本比起来，感觉上不需要的东西比较少。日本奇怪的东西，还有不需要的东西的代表就是土特产和纪念品等，为什么非要把那么多无用的东西放在家里保管呢？我认为应该是和日本的"物神崇拜"的传统有关。对于物品，除了性能和外观之外，日本人认为其中还包含了某些精神的、心理上的东西存在，物品中存在着神。比如，工匠就对自己的工具怀有这样的感情，并且对此非常自豪。特别是对刀具，有名的工匠，每天在使用完刀具之后，都会将其清洁干净保存起来。裁缝使用完针之后，也不会把针扔掉，而是放入针套里，就和对待佛祖的心情是一样的吧。厨师们会制造"菜刀套"，知识分子会制造"笔套"。

因为有这样的心理传统，人们当然会不舍得扔一些有纪念意义的东西。实际上，像我这样出生在二战后的人，比如在扔一些公司创建多少年的周年纪念的玻璃制品到垃圾袋之中，心里还是有些迟疑的。即使不是有意为之，但是对物品中住着的精灵们还是有些歉意的吧。难就难在日本人对物品有着无法抛弃的感情。

要怎样才能做到对物品无情呢？对于这个问题，日本的代表经济学家，以善于整理而为人所知的野口悠纪雄先生的方法是很有趣的。先生为了扔书，利用了书架，在收拾的时候把书从书架的一头往里插入，另一头的书就会往下掉，然后扔掉。当然，需要的书还是会留在书架上，但是绝对不会超出书架的容量。听到这种野口方式的强迫整理法，我认为应该是先生有意识地为了斩断这种物神崇拜的心理，而故意使用这种无情的办法。

顺便说一下储藏。日本人，除了像野口先生这样将整理作为生活一部分的人，对于物品的整理，或者说是该如何收纳的感觉（这种感觉可以称为"收纳感觉"），是缺乏的，或者可以说是不够敏感。

　　缺乏收纳感觉，这和日本住宅的传统有着深刻的关系。应该说，正是因为住在日本的住宅中，所以日本人才学不会整理整顿的方法。

　　回顾自身，每当看到眼前宽敞的空间中散乱着物品，都不由得这样说。如果读者家中也是这样散乱的话，那不是大家的责任，至少这可以算是生在日本列岛的宿命。

　　为什么这样说呢？

　　想想日本人是怎样收拾物品的。回想一下《源氏物语》画卷等古画卷中的室内的情景就会明白了，室内既没有物品，也没有收纳物品的家具。这个倾向一直延续了下来，即使是现在的和室中也不会有物品和储物用的家具。只有一些壁龛里的花瓶和信箱。

　　与此相比欧洲和中国又是怎样的呢？比如看一下欧洲的某个国家的国王或是贵族家的屋子，室内的装饰架、书架、餐具架等储物家具，像是炫耀似的摆着。不仅是储物家具，还有很多桌子、椅子等家具和日常用品，这些都决定了室内的装饰。将各种物品和家具巧妙美观地摆在房间，正好可以充满房间，这些是室内结构的根本。从生下来就开始学习这个根本，当然会有收纳感觉。

　　收纳就和认字、读书一样，是作为一种教养来学习的。所以，对于欧美人来说，室内物品散乱地摆放，是没有教养的表现。连自己身边的东西都收拾不好，那他一定是个散漫的人。

　　而日本室内是没有物品的。其实是有的，但是都藏起来了。藏到了某处，藏到了储藏室或仓库等隐蔽的地方。尽管屋里有衣柜、衣箱等储物家具，但是都在人们看不到的地方。不论是收纳家具还是物品，都是在暗处没有出头之日的。

　　放在暗处，总量比较少的话就不会显得散乱。因为只要放在储物室、壁橱等地方就好了。但是，明治以后，应该说是在二战后的经济高速增长时期之后，这长时间持续下来的把少量物品储藏在暗处的收纳方法露出了破绽。

以电磁炉、电视、音响等为首的家电，还有旅行后带回来的土特产等都一下涌入家中。这些东西涌入是没办法的事情，问题出在了人的身上，因为人们没有控制收拾物品的感觉。明明不会游泳，但是却投身到了物品的海洋中，结果就只能被淹没了。

日本大多数的家庭的室内就成了现在这样。

总感觉有点为自己辩解的意思，但是这就是历史的宿命。

那么，面向 21 世纪我们应该怎么办呢？只能像欧美人一样，把"室内光景当作是人生大事"。没有办法做到这样的人，那就只能淹没在物品的海洋中了。我当然是和大部分读者一样，决定继续被淹没。

37   人们为什么需要建筑

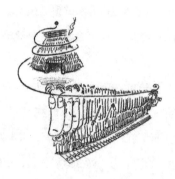

　　好了，这本书也终于到最后一部分了。关于建筑，我之前叙述了与建筑相关的屋顶、地板、柱子、窗户、木板套窗、阳台等各个部位，最后，我想以"建筑是为何物"作为最后点缀的焰火，打到天空中，让其醒目地四散开来。

　　以这个最根本的理论为契机，来总结一下我之前说过的理论。

　　"决定建筑的既不是屋顶也不是窗户，而是地板。"还有，"比起形状，材料应该更优先。"有时也会痛斥"现代主义建筑，是世界建筑史上的原子弹。"

　　我在写的时候，只是把想到的东西给写出来，所以处于一种思维时而连贯时而不连贯的状态，在这种状态下，这次要聊一下建筑为何物。

　　这里问的为什么，不是指建筑方法、对建筑的看法或是东西方建筑的比较，而是"建筑为什么对人类来说是必不可少的。"

　　当然，指的不是为了遮风挡雨这种实际用途。人生而为人，为什么在心灵和精神上会认为建筑很重要呢？

　　希望大家回想一下，当你看到建筑时吃惊，或是内心深处跃跃欲试，又或是毫无功名利禄的淡然等场景。从事和建筑相关工作的人员，如设计师或者施工技术人员，可能大多都会看到现在的尖端作品时激动，但是对于普通人来说，即使看到的是建筑界的话题之作也不会有任何感觉。对于普通人来说，能够使他们内心产生波澜的，不是那些话题之作，与其相反，普通的学校宿舍或者是生长的家庭还有那周围的道路等，才会让他们激动。

歌手淡谷则子写到过，她生于青森的名门世家，后来父亲事业失败，于是就背井离乡了。那之后又过了几十年，作为歌手的她功成名就，然后在公演途中坐车路过旧居，旧居还是原来的样子。当时的那种震惊和怀念，是从来不曾有过的。

普通人之所以会被建筑所震撼，与建筑是否美丽，是否宏伟，还有其历史的重要性都无关，而是与自己相关的曾经的体验，还有曾经的难忘回忆有关。

说到这里，可能大家会说我，你也是上了年纪了啊，怀念这种可是消极的情绪啊。可是，请大家把手放在胸口再重新回想一下，猴子或是小狗会有怀念的感情吗？小狗会回过头去看以前的旧狗窝吗？上野动物园的猴子会发起活动来保护二战前建造的猴山吗？

感情一般分为喜怒哀乐四种。以吃东西为例，猴子看到香蕉之后会欢喜，但是被别的猴子抢走的话就会生气。因为生气而争执，失败之后就会伤心。赢了的话就会边吃香蕉边斜着眼睛看失败者，然后很开心。

说到喜怒哀乐这些感情，可以说是实用的，也可以说是完全暴露了人的欲望，如果要追溯人类历史寻找感情的起源的话，应该是为了挑起维持个体生命的食欲、统领群体的权力欲、延续生命的欲望等生存不可缺少的欲望并加以强化，而形成了喜怒哀乐。

但是，怀念这种感情，怎么会引起生存必不可缺的欲望呢，不如说起的是与之相反的作用。但是，请不要忘记这种感情是只有人类才有的感情，是人类的内心活动。

面对过去的这种感情，其实有很多谜题。在陌生的国度行走在陌生的街道上，突然会涌出一种不知所措的感觉，而且为什么人会有这种没有用的感情呢？

虽然不知道关于这一类的研究进行的如何了，但是据我现在所知，大多数时候是建筑勾起怀念这种感情的。建筑是装着最多怀念的容器。

下面我们把话题转到夜晚。睡觉和做梦。人为什么要睡觉，为什么会做梦呢？如果只是为了缓解脑疲劳的话那么睡3个小时就够了，为什么还要做梦呢，做梦和消除疲劳一点关系都没有，甚至可以说做梦会妨碍脑细胞休息。

好在有很多关于睡眠和做梦的研究。

首先关于睡眠，最近最有说服力的说法是，睡觉的时候白天所经历的事情会形成记忆固定在脑内。白天的事情在晚上固定在脑内。通宵记住的东西，会在两三天之后就忘记，这是因为没有固定时间的原因。不仅是历史，记忆也是在夜晚形成的。

其中最重要的是，并不是白天所有发生的事情都会固定，在睡觉的时候会有所取舍、排列、构成，然后再统合。而这统合之后的记忆的形态到底是怎样的，这是谜中之谜，说不定和建筑的形态很接近。

为什么这样说，是因为从有名的古希腊记忆术开始，古今中外的记忆术，都会把要记忆的事项和熟知的建筑和街道联系起来。所以肯定是会有某种联系的。

终于快要进入最佳状态了，但是所剩的稿纸却不多了。跳过一些可有可无的，我们赶快往下进行。一定要回答为什么建筑对人类来说是必不可少的。

先把记忆术放一边，我们来说一下梦。为什么人会做梦呢？也有人说自己不做梦，但是调查脑电波之后会发现每晚都会做梦。关于梦，建筑学者吉武泰水老师做了很长很长时间的研究，然后将其成果总结在了《梦的场所·梦的建筑：原记忆的现场调查》一书中，根据书中所记载，在梦中最安定的是建筑和街道。而人物、年龄还有所做的事情，就像每个人的记忆一样，都是充满矛盾和混乱的。梦中的世界，以和过去曾经经历过的安定的街道和建筑为舞台，来演绎充满矛盾的人际关系，还有前后逻辑混乱的事情。

关于梦中的建筑和街道的特性，除了安定性以外还有一个重要的东西是连续性。曾经做过多所大学校长和副校长的吉武老师有过多次搬家的经历，在他晚上所做的梦中都有一个共通性，那就是从新住处的楼梯下来之后都会出现以前家里的走廊，就这样新的东西和旧的东西联系到了一起。新旧相融合，一体化。

无论是生下来的自己的人生记忆，还是已经固定于脑中的自己的世界，都是靠着建筑和街道来保证安定性和连续性的。

换个说法就是，当人站在小时候上过的学校和玩耍过的街道的时候，脑中固定着的自己的世界，自己的人生都会在无意中被唤起，进而就会认识到这就是怀念之情。

人可以有人的感情，证明自己的存在，是因为大脑中呈现的自我世界是安定且连续的，但是人自己是无法确认这一点的。当看到建筑和街道的时候会有一种怀念感，实际上，这正是在意识深处，已经进行了证实，确认后的这种喜悦，化作难以形容的怀念涌上心头。

人生来为人，内心、精神和意识中为什么会觉得建筑很重要呢？为了回答这个问题，我觉得我已经很努力写到了现在，终于解释清楚了。我们这些建筑史学家主张保护以前的建筑，也希望新的建筑比以前的建筑更好。

后记

虽然刚开始说要写《妙趣横生的建筑学》这样一个大题目，但是写完之后，发现变成了"我的建筑学"。而且，还是和建筑学整体相差甚远的"我的建筑史学"。

日本的建筑学，是 1877 年仅由一人开始的。政府聘用的英国建筑师乔塞亚·康德仅凭一己之力，将和建筑有关的所有方面的知识传授给了 4 名日本学生，然后经过百年时间，终于细分化成为设计、计划、历史、理论、材料、结构力学、环境以及设备等现在的日本的建筑学体系，但是从这个体系内眺望的话，会发现，与其说是体系，不如说呈现出的是多种复杂的集合的状态。测量混凝土强度的隔壁的房间，调查茶室的历史，又或是暗自思索古希腊建筑的本质，说是杂乱的集合也是没办法的事。

虽然是杂乱的集合，但是也不是离散的状态，杂乱而不离散。为了建造优秀的建筑物，设计师当然必须要思索构造、材料、设备还有历史知识和理论方面的东西。在称之为建筑的容器中，杂乱地集合在一起。这门学问就像是摸黑吃烩菜，或是大锅菜。

读完这本加入了我个人色彩的建筑学书之后，可能读者们都会有种大杂烩的感觉，但是这并不是我性格的问题，而是建筑学本身的性质所决定的。

建筑学是杂乱的集合。

写了这么多，可能大家会在意杂乱集合这个说法。但是摸黑吃杂烩的时候，可能在吃的时候也能顺利吃到嘴里，而且在吃咕嘟咕嘟的大锅菜的时候，也可能会有美味产生。这种幸运的情况，就称之为综合。杂乱的集合，经过某种加工之后综合起来，就成了统一的状态。

从杂乱集合到综合，这是担当各个领域的各种建筑学家的梦想，要怎么做才能使其实现呢？只能从各人自身之中才能发生从杂乱集合到综合的化学变化。

把建筑学从杂乱集合升华为综合的人就称之为建筑师。曾经也被称之为栋梁。

我想来介绍一下这本从杂乱集合的书的来历。这本书是将连载的内容整合在了一起。筑摩书房的松田哲夫先生在发行新刊《顿智》时，有幸在上面进行连载。但是中途却停刊，当时大成建设宣传部的增田彰久先生觉得这样太可惜了，所以就在大成公司内部的刊物《大成》上继续进行连载。将其中的80％左右的内容进行了整理，编成了这本书。同时也要感谢负责《顿智》《大成》原稿的鹤见佳子女士。

图书在版编目（CIP）数据

妙趣横生的日本建筑学／（日）藤森照信著；郝皓
译．— 南京：江苏凤凰科学技术出版社，2018.1
ISBN 978-7-5537-6383-5

Ⅰ．①妙… Ⅱ．①藤… ②郝… Ⅲ．①古建筑－建筑
艺术－日本 Ⅳ．① TU-093.13

中国版本图书馆 CIP 数据核字（2017）第 235171 号

江苏省版权局著作权合同登记 图字：10－2017－328 号
TENKAMUSONO KENCHIKUGAKUNYUMON
Copyright © FUJIMORI TERUNOBU 2001
Chinese translation rights in simplified characters arranged with CHIKUMASHOBO LTD.
through Japan UNI Agency, Inc., Tokyo

妙趣横生的日本建筑学

著　　　者	［日］藤森照信
译　　　者	郝　皓
项 目 策 划	凤凰空间／陈舒婷
责 任 编 辑	刘屹立　赵　研
特 约 编 辑	陈舒婷

出 版 发 行	江苏凤凰科学技术出版社
出版社地址	南京市湖南路 1 号 A 楼，邮编：210009
出版社网址	http://www.pspress.cn
总 经 销	天津凤凰空间文化传媒有限公司
总经销网址	http://www.ifengspace.cn
印　　　刷	北京市十月印刷有限公司

开　　　本	710 mm×1 000 mm　1/16
印　　　张	9.75
字　　　数	124 000
版　　　次	2018 年 1 月第 1 版
印　　　次	2024 年 1 月第 2 次印刷

标 准 书 号	ISBN 978-7-5537-6383-5
定　　　价	45.00 元

图书如有印装质量问题，可随时向销售部调换（电话：022-87893668）。